西北绿洲灌区现代农业发展研究

现代农业发展研究
—— 以甘肃省张掖市节水农业思路与
现代农业为研究样板

◎ 李全新　著

U0349043

中国农业科学技术出版社

图书在版编目（CIP）数据

西北绿洲灌区现代农业发展研究：以甘肃省张掖市节水农业思路与现代农业为研究样板／李全新著 . —北京：中国农业科学技术出版社，2017. 11

ISBN 978-7-5116-3405-4

Ⅰ.①西… Ⅱ.①李… Ⅲ.①绿洲-灌区-节水农业-农业发展-研究-张掖 Ⅳ.①S275

中国版本图书馆 CIP 数据核字（2017）第 299741 号

责任编辑	王更新
责任校对	马广洋

出 版 者	中国农业科学技术出版社
	北京市中关村南大街 12 号　邮编：100081
电　　话	（010）82106639（编辑室）　　（010）82109702（发行部）
	（010）82109709（读者服务部）
传　　真	（010）82106639
网　　址	http://www.castp.cn
经 销 者	各地新华书店
印 刷 者	北京建宏印刷有限公司
开　　本	710 mm×1 000 mm　1/16
印　　张	13. 25
字　　数	233 千字
版　　次	2017 年 11 月第 1 版　2017 年 11 月第 1 次印刷
定　　价	86. 00 元

前　言

　　建设生态文明是中华民族永续发展的千年大计。必须树立和践行绿水青山就是金山银山的理念，坚持节约资源和保护环境的基本国策，像对待生命一样对待生态环境，统筹山水林田湖草系统治理，实行最严格的生态环境保护制度，形成绿色发展方式和生活方式，坚定走生产发展、生活富裕、生态良好的文明发展道路，建设美丽中国，为人民创造良好生产生活环境，为全球生态安全作出贡献。

　　　　　　　　——习近平同志在中国共产党第十九次全国代表大会上的报告

　　水是西北干旱区的第一资源，水资源短缺是西北干旱区发展中的永恒矛盾，节水是西北干旱区发展农业的根本性措施。水是生命之源，有水旱区可变绿洲。水资源安全是中国西北干旱区未来发展的首要限制因素。

　　新中国成立以来，由于人口的增长，不合理的人为经营活动，政策上的失误及水利资源利用不当，过度开垦，过度放牧，森林乱砍滥伐及过度樵采，致使甘肃省民勤有可能再度成为第二个罗布泊。如果民勤失陷，不但民勤以东约 100 千米的武威、金昌两地会被沙漠埋葬，河西走廊也将被拦腰截断，难逃消失的厄运。民勤绿洲的消失，还将改变大气环流的模式，中国北方整个气候将受到众多沙漠效应的左右，黄沙将飘到西湖上空。换句话说，如果没有民勤，沙尘暴就不是一年几次，而将成为北方气候的常态。

　　2005 年 7 月 16 日，时任总理温家宝对民勤问题做出重要批示："决不能让民勤成为第二个罗布泊，这不仅是个决心，而是一定要实现的目标。这也不仅是一个地区的问题，而是关系国家发展和民族生存的长远大计。"

　　甘肃省河西走廊的民勤在西北不是个案，在西北干旱区都面临水资源问题、农业生产问题、生态环境问题，2011 年中央一号文件关于加快水利改革发展，为水利建设服务，国务院关于支持甘肃省加快发展的 47 条意见。中国工程院王浩院士于 2011 年 8 月 14—15 日，第十五次中国科协论坛"内陆干旱区水资源和生态环境保护"。甘肃河西走廊形成了独特的"荒漠绿洲，灌溉农业"生态环境和社会经济体系。河西走廊是我国西北地区的生态屏障，我国重要的粮食产区和国家重要的有色金属工业基地，战略地位十分重要。

高强度的人类活动及气候变化的影响，河西走廊水资源开发利用已经接近极限，区域内经济社会用水、生态环境用水，流域内上下游水资源供需矛盾极为突出，并引发了一系列生态环境问题，引起了国内外的广泛关注。河西走廊面临的水危机在一定程度上制约着全流域经济的发展。

该书是作者做博士后期间，参与农业部重大 948——"节水农作制度关键技术引进与创新"课题，以张掖市为研究样板，形成"西北农业节水生态补偿机制研究"的成果，主持甘肃省张掖市委托中国农科院农业资源与农业区划研究所做的"张掖绿洲现代农业示范区总体规划"，在农业部计划司课题，农业部软科学课题的基础上，以多年的科研成果和地方政府提供的资料为基础，以张掖市节水农业与现代农业示范区的建设为研究样板，提出了西北绿洲灌区农业节水的新思路"农业节水管理路径——节水型现代农业示范区建设——建设生态经济特区"，对西北绿洲灌区的农业生产与生态的协调发展具有一定的指导价值。

全书分上、中、下篇。上篇——在农业节水方面，人们越来越意识到单纯就资源论资源、就技术论技术，就节水论节水已经很难有效达到节水目标，必须将水资源与农业生产、生态环境、管理、技术、社会环境等联系起来，研究设计与之相配套的制度，才能达到提高水资源的利用率和农业节水的目标。目前，各种单项节水技术都有节水功效，如何激励节水的微观主体——农民主动使用节水技术，如何设计促使地方政府把节水工作纳入政绩考核之中显得尤为重要；中篇——核算张掖水资源承载量，提出节水型绿洲现代农业示范区发展思路，示范引领西北干旱区农业发展方向；下篇——根据国家生态功能布局，提出在张掖市建设生态经济特区的思路。

在研究过程中，得到了我的导师——中国农业科学院院长唐华俊院士的悉心指导，得到了课题组同事的帮助和地方政府的支持，在此一并表示诚挚的谢意！

作　者

2017 年 10 月于北京

目　录

上篇　西北绿洲灌区农业节水思路探究
——创新西北绿洲灌区农业节水思路是地区
可持续发展的关键性出路

中篇 绿洲灌区水资源承载力与现代农业发展研究
——建设节水型现代农业示范区是西北绿洲
灌区节水农业的重要路径

下篇　西北绿洲旱区农业节水生态经济特区的构想
——建设生态经济特区对西北绿洲灌区具有示范引领作用

上篇　西北绿洲灌区农业节水思路探究

——创新西北绿洲灌区农业节水思路是地区可持续发展的关键性出路

1 绪论

1.1 研究的背景、目的

开发大西北是我国迎接新世纪挑战的重大战略决策，无论在经济上、政治上、生态上都具有重大的现实意义和深远的历史意义，持续的干旱化是我国西北内陆地区水资源匮乏、生态环境脆弱的根本原因，这种不利的自然条件长期制约着西北地区的经济发展，如何在保护生态环境的前提下，依靠有限的水资源支撑更大的经济规模，是实现西部开发必须解决的重要问题。西北地区目前的经济发展主要集中在各内陆河流域内，从实际看，水是比土地更宝贵的稀有资源，有水就等于拥有土地，有水就有生机，有水就会有农业。因此，选择西北典型内陆河流域，开展西北地区农业节水研究是解决西北水资源匮乏的关键。

西北地区水资源作为自然资源最重要组成之一，系指具有经济利用价值的自然水，主要是逐年可以恢复和更新的淡水。降水是其恢复和更新的来源，地表水和地下水是它存在的主要形式。水资源属可再生性共享资源，除具有整体性、地域性等自然资源的基本特性外，还具有稀缺性、利用的外部性、非排它性等经济特性。

西北地区水资源作为重要的生产要素，对当地经济发展的影响主要表现在：水资源稀缺制约着经济发展的规模和增长速度；水资源的不平衡性使得地区内产业结构体系难以形成，从而制约了西北地区国民经济的进一步发展。

影响水资源配置效率的三个因素是：水资源状况、节水技术与制度设计。通常，水资源具有自然禀赋性质，而节水技术进步则可以提高水资源的利用率和配置效率。然而，节水技术，要经过节水主体的使用才能发挥作用。因此，在资源与技术既定前提下，影响人们经济行为的外部条件主要是制度，在于制度安排形成怎样的约束与激励。从长远看，人们总是通过技术

3

的进步和制度的完善来克服水资源的稀缺，从而推动着经济不断向前发展。

人们越来越意识到单纯就资源论资源，单纯就技术论技术，就节水论节水已经很难更有效的达到节水的目标，必须将水资源与农业生产、生态环境、管理、技术、社会环境等联系起来，研究设计与之相配套的制度，才能达到提高水资源的利用率和农业节水的目标。目前，各种单项节水技术都有节水功效，如何激励节水的微观主体——农民主动使用节水技术，如何设计促使地方政府把节水工作纳入政绩考核之中显得尤为重要。鉴于此状况，研究西北地区农业节水生态补偿机制，实为当务之急。这将对推动西北地区农业、农村经济发展和生态环境改善发挥重要作用，同时，对全国农业节水也有一定的借鉴作用。

1.2　西北地区农业节水的意义

农业节水的主要途径，包括调整农业产业结构和用水结构，优化调配多种水源，完善工程措施，推广农艺和生物措施，建立严格的农业用水管理制度，推进农业用水水价改革，完善农业节水政策法规，建立农民主动节水和政府控制节水发展机制，增加农业节水投入，提高农户的节水意识等，是一项需多方合作的系统工作。

进入 21 世纪以后，水资源的短缺形势会更加严峻，将成为经济社会可持续发展的严重制约因素。专家们警告，中国解决了温饱以后要防止有可能面临第二个贫困——"水贫困"。我国是个农业大国，我国农业是用水大户，因此，21 世纪大力发展节水农业，这是形势的需要，客观的需要，势在必行。

中央政府十分重视农业节水问题。党的十五届五中全会将水资源可持续利用提高到保障经济社会发展的战略高度，指出水资源短缺已成为我国经济社会发展的严重制约因素，强调其核心是提高用水效率，把节水放在突出位置。胡锦涛总书记指出，"节水，要作为一项战略方针长期坚持。要把节水工作贯穿于国民经济发展和群众生产生活的全过程，积极发展节水型产业……"。温家宝总理明确要求"加强水资源管理，提高水的利用效率，建设节水型社会……"。2005 年 5 月，国家发布的《中国节水技术政策大纲》中提出了争取在 2005—2010 年间实现农业用水量"零增长"的目标，农业节水任重道远。2014 年陈雷在水利部党组扩大会议上提出，习近平总书记关于"节水优先、空间均衡、系统治理、两手发力"的治水思路，赋予了新时期治水的新内涵、新要求、新任务，为我们强化水治理、保障水安全指明了方向，是我们做好水利工作的科学指南。节水优先，这是针对我国国情水情，总结世界各国发展教训，着眼中华民族永续发展作出的关键选择，是新时期治水工作必须始终遵循的根本方针。

农业是西北地区的支柱产业，西北地区农业如何发展，特别是随着生态用水、工业用水、城市用水的不断增加，对农业用水挤占程度不断加剧的形势下，如何既保证区域农业经济的持续稳定发展，又为生态环境、工业、城市发展提供充足的用水保障，是区域发展决策需要关注的问题，对于西北国家能源基地建设和国家生态安全具有显著的意义。发展农业节水的根本目的是在有限的水资源条件下，提高水资源的利用效率，实现水资源的效益最大化。农业节水既要节约用水，提高水的利用率，又要高效用水，提高水的利用效率和效益。

1.2.1 农业节水是解决西北地区干旱缺水的重要途径

我国人均占有水资源仅为 1 945m^3，约为世界人均占有量的 1/4，耕地亩均占有水资源量不足 1 440m^3，为世界平均值的 2/3，被联合国列入世界 13 个贫水国家之一。我国降水时空分布极不均匀，水旱灾害频繁发生。绝大多数农作物都需要不同程度的灌溉。2008 年全国有效灌溉面积仅占耕地面积的 46%，缺水制约了农业乃至整个国民经济的发展。随着经济的发展、人口的增长和生态的需水，缺水呈加剧趋势。近 10 多年来，全国每年受旱灾面积都在 2 000万 hm^2，约有 667 万 hm^{2}灌溉面积缺水得不到灌溉，每年因缺水而少生产粮食 200 亿 kg 以上。全国还有 50% 以上的耕地为旱作农业，主要集中在西北地区，仅靠降水进行农业生产。农业是最大的用水户，要保持农业的稳定增长、保持社会经济可持续发展、并要不断改善生态环境，农业节水是必然之路。

1.2.2 农业节水是保证食品供给的战略措施

根据中国工程院重大咨询项目——中国农业需水与节水高效农业建设的预测，2030 年我国人口达到 15.1 亿~16.1 亿，粮食需求量达 6.812 亿~7.257 亿 t，人均 450kg，即在今后 22 年内，我国粮食供应量在现有的 5 亿 t 的基础上，增加 1.8 亿~2.3 亿 t，用于满足 16 亿人的需求。

我国耕地十分有限，后备耕地资源严重不足，只有通过提高单位面积产量来实现增加粮食总产量的目标，影响粮食单产的因素很多，在西北地区主要是水资源的问题，据水资源供求分析，为保障国民经济可持续发展，今后新增供水能力优先用于生活、生态的需求，要保证食品安全，就必须大力建设节水高效农业，确保食品的充足供应。

1.2.3 农业节水是缓解工农业、城乡之间用水矛盾的有效途径

我国要实现第三步战略目标，达到中等发达国家的水平，一要发展工业；二要发展城市化。随着经济的发展，产业结构要发生重大调整，第一产业在国民经济中的比重将下降，第二、第三产业增加值在国内生产总值中的比重大大增加，城市化、工业化的用水需求量在增加，为了满足国民经济发展对水的需求，在水资源增加有限的情况下，节约农业用水，转移给城市和工业是现实的路径。

1.2.4 农业节水是改善西北生态环境的基本战略措施

西北地区现状农田灌溉定额远高于全国平均水平，通过节水高效农业建设，改变农业用水管理粗放、浪费严重的现实，既可以缓解水资源供需矛盾，也有利于改善生态环境，在西北内陆河流域的农业灌区，通过节水可以减少地下水的开采，留给周边沙生植物的生长需要，在水资源不足的内陆河流域，通过农业节水，合理配置水资源，恢复下游生态植物的生长，遏制荒漠化，恢复生态平衡。

1.3　构建西北农业节水生态补偿机制的意义

生态补偿机制作为一种有偿使用自然资源与生态环境的新型管理模式，试图矫正生态环境在成本收益中原有的错位扭曲关系，用"资源有价"的观念重新审视生态环境资源，重新评价生态环境资源在经济建设和市场交换中所体现出的价值，为生态资源参与市场化运作创造了条件。生态补偿作为一种资源环境保护的经济手段，与行政命令控制型手段相比，具有更强的激励作用及长期性、稳定性和更加灵活多变的管理形式。

长期实行的僵化的计划管理体制和福利性的供水制度，使得我国农业用水管理制度一直缺乏有效的激励机制来促进高效节水农业的发展。尽管改革开放30年，中国在农业用水管理制度改革方面作了很大的努力，取得了一定成绩，但在节水和提高用水效率的激励机制方面的进展不大。节水行为缺乏经济激励，节水者得不到应有的经济回报，这种节约资源及其经济利益关

系的扭曲，不仅使中国的农业节水工作面临很大的困难，而且也威胁着地区间和人民的和谐发展。要解决这一问题，必须建立一种能调整相关主体资源利益及其经济利益的分配关系，实施激励农业节水行为政策，就是生态补偿机制的政策含义和目标。建立生态补偿机制既有农业节水的紧迫需要，也有保护生态环境和建立和谐社会的重要措施，具有重要的战略意义。

农业节水补偿机制是激励农业节水的深层次的问题，有效的补偿机制对促进农业节水具有更广泛的影响和重要的现实意义。补偿不是简单的经济补贴，而是从制度上、运行机制上着手，通过投入体制、管理体制的创新，引入市场化管理理念，应用政策手段、市场手段等方式来消除灌区和农户在农业节水实现过程中的准入门槛，并形成长效激励机制，以确保农业节水生态补偿运行下去。农业节水补偿机制的建设和完善是真正实现农业节水的有效保障。

1.3.1　可推进西北农业节水的持续性

建立农业节水生态补偿机制，是依靠经济手段，实现"节水就等于增产"的法则。激励奖励农民、组织机构、地方政府的节水行为，确定补偿原则、标准和方式，引导农民、组织机构、地方政府的节水行为，才能实现农业节水的持续性。

1.3.2　实现国家节水目标与农民经济目标、当地政府发展目标的统一

节水是国家目标，与农户用水从事农业生产、当地政府发展经济的目标有差异。在联产承包责任制下，农民经营的土地面积有限，农民一家一户为提高产量，保证作物足量用水，提高水价及超额用水加价收费的办法，对农户用水有约束，但农户为了保证作物不减产，在一定的价格幅度内，可能采取不节水行为。地方政府用水发展经济，以完成政绩考核为目标，也可能采用不节水行为。要使农业节水成为农户、当地政府的共同行为，就要设计对各节水主体都有激励作用的制度。农业节水生态补偿机制从农业节水的微观主体——农户节水激励机制和地方政府节水的政绩考核体系的创新出发，设计出对节水主体都有激励的机制，达到国家节水目的与农民经济目标、当地政府发展目标的统一。

1.3.3 可推进西北农业产业结构调整，促进"三农"问题的解决

农业节水生态补偿机制可以使农民节水的成本得以补偿，有利于西北区域农业产业结构调整，促进农业产业向水资源消耗少、环境影响小、结构效益高的方向发展，也是促进西北区域农民增收、农业增产增效、农村可持续发展的重要策略。

1.3.4 可保护西北生态环境，实现国家生态安全目标

西北区域是我国重要的风沙源头区、生态屏障区。建立农业节水生态补偿机制可使生态敏感区、生态退化严重区、重要生态功能区的水资源利用强度降低，有更多的水用于生态建设，可以保护西北生态环境，实现国家生态安全目标。

1.4 国内外农业节水经验和相关研究的评述

1.4.1 国外农业节水研究进展

为了提高水资源的使用效率，促进水资源的可持续利用，John J. Pigram 的研究表明，政府的调控和监督对提高水资源的使用效率是必要的，但是市场的力量有助于解决水争议，有助于提高水资源的分配和使用效率。政府通过水市场的建立、允许水权的交易、合理制定水资源价格，并出台相应的制度安排，设计出节水的激励机制。Mukhopadhyay Lekha 认为，个人在使用公共资产资源时，自发参与的行为常常会导致"集体行动困境"。在采用二步议价博弈模型，分析得出设计激励机制模型可以提高农业用水节水灌溉效率的结论。研究得出：在农户自愿参与的情况下，水权的平等分配和转变为种植节水作物，并不能成功地保证平等和有效的水资源管理；因为初始财富的不均等和市场的不完善，在激励节水灌溉的同时会造成水管理外部的无效。Luiz Gabriel T. De Azevedo 认为，现代化的水资源管理必须遵循生态原则、制度原则和工具原则三大原则，必须认为水是一种稀缺的资源，对水资源的使用必须建立在经济激励机制的基础上，以提高水资源的分配效率，提升水资源的使用效率。

关于激励农户节水机制研究，Burness H. Stuart 认为，水权交易的收益能够激励农户减少农业用水，通过清理输水渠道、改变作物种植模式和淘汰

高耗水作物等方法达到。Hayami 和 Ruttan 从资源禀赋和价格的角度研究了技术采用的变化，他们认为，资源的损耗会改变资源的禀赋，相应地改变其价格，从而产生新技术采用的激励。Gleick Peter 认为，水价过低抑制了高效用水的激励，价格机制能够鼓励农户节约用水（例如激励他们采用滴灌技术），为了提高水分生产率，最好的办法是进行水权交易。对于灌溉用水，最重要的问题不是水价应该弥补所有的成本，而是应该更高效地利用水资源。Glenn D. Schaible 运用一个基于原始对偶的多产品正态约束均衡模型，动态模拟了五种不同的农业政策对美国西北地区种植农业的影响。研究结果表明：综合权衡政策对节约用水和对农户农业收入的影响，节水激励政策和配套的政策改革的结合，既能最大限度地节约用水，又能显著地提高农户的农业收入。但是，由于种种经济和制度的障碍，阻碍了农户采用先进的节水技术的步伐，政府应该逐步消除农产品价格、水资源的获得性和水权制度等给农户带来的风险，采用节水激励机制，激励农户采用先进的节水技术，提高水资源的效率；由于农业用水的价格弹性不足，提高水价并非一种很有效的节水措施；节水激励政策既能提高灌溉效率，又能增加作物产量，农户对节水激励政策的接受意愿最强。

1.4.2　国内相关研究进展

（1）在水权、水价和水市场激励研究方面

马晓强等在《论我国水权制度创新》中认为，我国现行水权制度的缺陷有二：一是缺乏提高用水效率的激励机制和低效率过量用水的约束机制。二是存在市场失灵和政府失灵。现代可交易水权制度的建立与完善，将为缺水地区的发展起到极为重要的推动作用；殷德生在《黄河水权制度安排的缺陷与制度创新》中论述了黄河水权制度安排存在的缺陷，为了激励农民节约用水，必须进行黄河水权制度的创新，完善黄河灌区渠系，为水权界定提供物质技术保证；清晰界定水权，并引入市场机制；分步调高水价，发挥价格机制的市场调节机制；陈文江等在《改善中国农业用水的对策研究》中指出，由于水权的制度安排不合理，通过节水措施获取的剩余水量不能通过交易带来效益，造成供需双方都没有节水的积极性。从水价机制来看，水价过低使得节水投资成本大大超过节水收益，无法引导供、需方采取节水措施。在当前市场经济环境下，调节社会个体和企业用水行为最直接的方法莫过于经济利益驱使，只要设计出可行、合理的节水激励机制，并能监督其有效实施，节水就能成为用水者的自觉行为。

（2）在管理制度激励研究方面

改革水行政管理制度。段永红等在《农田灌溉节水激励机制与效应分析》中分析了节水激励机制或缺是我国农业节水效率低的主因；周玉玺等在《灌溉组织制度演进的经济学分析及其模型选择》中，指出我国传统农田灌溉组织制度缺乏对农民的节水激励，造成水资源的低效率过度利用，因此必须构建新型灌溉组织制度。运用博弈论方法论证了小规模农民自主协商的农田灌溉组织制度的形成和演进，阐释有效农田灌溉组织制度的设计条件，提出适合不同灌区的农田灌溉组织制度模式及其运行机制。王金霞等对黄河流域四个大型灌区进行了实证研究，发现只有建立了有效节水灌溉激励机制的水资源管理制度才能实现节水的目标。

（3）在国内激励农户节水机制研究的方面

姜文来在《农业水资源管理机制研究》中认为，为了充分调动农民的节水灌溉积极性，应该运用经济杠杆，建立节水灌溉经济激励机制。韩青在《农户灌溉技术选择的激励机制———一种博弈视角的分析》中通过建立农户灌溉技术选择的完全信息静态博弈模型，依据利润最大化原则，分析了激励机制在农户技术选择中所起的作用。得出结论：有效的激励机制可以增加农户选择先进节水技术的预期，从而增加节水灌溉技术供给。李艳、陈晓宏在《农业节水灌溉的博弈分析》中从博弈论的角度，分析了水价与节水灌溉之间的关系，说明水价的提高激励了节水灌溉技术的采用。另外，为减轻农民负担，提出了农业水价加收的费用，通过财政以农业补贴或其他形式回补农民的建议。

（4）在国内生态补偿机制研究方面

从经济学的角度来理解，生态补偿是指在生态服务提供过程中，个人收益与社会收益，或个人成本与社会成本不一致的一种平衡。曹明德认为，"环境法学意义上的生态补偿指环境资源受益人、国家、社会、其他组织对因生态保护而利益受到损害或付出经济代价的人给予适当的经济补偿。"李文华认为，"生态补偿是以保护和可持续利用生态系统服务为目的，以经济手段为主调节相关者利益机制的制度安排。"王金南认为，"生态补偿是一种以保护生态系统服务功能、促进人与自然和谐发展为目的，根据生态系统服务价值、生态保护成本、发展机会成本，运用财政、税费、市场等手段，调节生态保护者、受益者和破坏者经济利益关系的制度安排"，也有人把生态补偿称为生态系统服务补偿，"指对生态系统服务管理者或提供者提供补偿的广大范围。目前，世界范围内的补偿计划都处于形成阶段，并处于不同的发展阶段"。生态系统能否稳定，依赖于人们对于生态系统服务的需求是否能够刺激出足够的生态系统服务供给，以及交易体系是否能从需求导向供给的链条中发挥重要作用。通过将生态系统服务隐含地等同于一种特殊的商品，这一概念具有更明显的经济化和市场化取向。这种概念理解上的差异会渗透到其他相关方面的研究过程中。

总之，生态补偿的概念，从生态学到经济学，由偏重生态系统功能稳定性的目标转移到了偏重经济利益平衡的目标，在补偿的最终目标上保持一致。通过梳理和分析国内外学者对农户节水激励机制和采用节水技术的激励机制的研究，可以清晰地看出农田节水激励机制形成的路径。从国内外的研究可以看出，国外学者对从水权、水价的角度对节水激励机制的研究都比较多，研究相对比较成熟。国内的学者从水权、水价的角度对节水激励机制的研究较多，而从生态补偿的角度对节水激励机制研究很少；从研究的方法看，国内多为定性的研究，而国外多为定量的研究。

农业节水问题须建立激励型生态补偿机制，从根本上提高农户节水的积极性。补偿标准是补偿机制的核心，关系到补偿的效果和补偿者的承受能力。只有在科学的评估基础上确定补偿标准，才能顺利构建补偿机制。在借鉴国外研究的基础上，我们可以深入地研究激励农户节水的微观经济行为和当地政府在节水与发展经济的价值取向。要激励农户采用先进的节水技术节水，推进政府实行绿色国民经济核算体系，必须从生态补偿机制出发，运用定性或定量的研究方法，探索有效的节水激励机制。同时，让相应的法律和制度等政策配套措施跟进，为有效实施激励手段提供一个良好的操作平台，促进农业可持续发展和水资源的可持续利用。

1.5　研究思路、内容和可能的创新点

1.5.1　研究的基本思路

从制度学的角度看，"机制"就是为了实现某一目标的一种制度安排。当将"生态功能""补偿"和"机制"结合起来时，就成为解决现实存在的实际问题而赋予的制度学的概念——生态补偿机制。生态补偿机制概念是为了解决现实中的特定问题才被提出并范式化的。为解决西北农业节水问题就成为"西北农业节水生态补偿机制"。生态补偿机制作为一种环境政策手段的属性及其调整的对象和方向，就是矫正农业节水主体的行为利益和经济

利益分配关系，是以经济激励为主要特征的经济政策和制度安排。

农业节水关系到农户的切身利益和当地政府寻求发展动因。农业节水的微观主体是农民，节水的宏观主体是当地政府。因此，从农业节水的主体角度研究生态补偿问题是科学的。从环境经济学原理看，采用不同的经济手段，试图解决水资源的短缺和生态问题，不同程度地体现了通过经济手段调整人们的行为，促进水资源的节约和保护。通过制度创新解决保护农业节水的微观主体应得到的经济回报，激励人们从事节水行为。对于西北干旱缺水地区，摒弃为 GDP 论英雄的传统观念，实行绿色国民经济核算体系，建立地方官员绿色政绩考核制度不仅是实施生态和经济功能的协同共赢，也是顺利推动建立生态补偿机制的关键制度。

本书的研究路线如图所示。

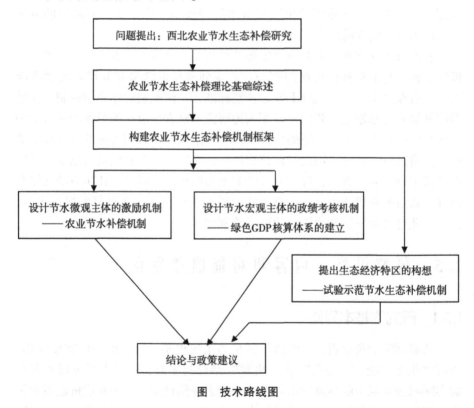

图　技术路线图

1.5.2 研究的主要内容

围绕基本思路，本书的核心内容由以下部分构成。

第一部分：导言。首先阐明研究目的和意义；其次就农业节水及其制度创新研究、研究思路、研究内容和创新点进行简述。

第二部分：主要研究生态补偿的特征、农业节水的相关理论。首先论述了农业节水的成本—收益理论、外部性理论、公共物品理论、激励理论；其次对制度的内涵、功能与构成，以及制度创新理论进行研究，提出农业节水需要制度创新。

第三部分：提出西北地区农业节水的思路——构建西北农业节水生态补偿机制框架。分别构建了农业微观节水激励机制体系、农业宏观节水的绿色GDP核算体系，并提出农业节水生态经济特区的概念，试图探索西北地区农业节水生态补偿机制的理论与实践。

第四部分：结论与探讨。阐述了本研究的不足和下一步需要研究的内容。

1.5.3 可能的创新点

（1）理论创新

构建西北农业节水生态补偿机制框架，以农业节水的主体为研究视角，分为农业节水的微观主体、农业节水的宏观主体，并从生态补偿角度探讨微观农业节水的补偿原则、方法、标准；分析研究宏观农业节水绿色GDP核算的手段——实物量核算、价值量核算，建立农业宏观节水绿色GDP核算框架。

（2）方法创新

提出农业微观节水补偿的方法，用生态价值替代法，将节水量与森林生态价值联系在一起，构建农业节水补偿方法和补偿标准；建立农业节水绿色GDP核算体系，建立单独内容的资源环境核算体系，以满足编制各种核算账户的需要，对农业水资源核算、农业节水核算等内容加以进一步延伸和细化，使农业节水绿色GDP核算更加科学合理，具有较强的可操作性，大大增强了分析和应用功能。

（3）思路创新

提出建设"生态经济特区"的设想，并阐述了生态经济特区的建设内容、运行的社会保障体系。

（4）框架创新

构建出农业节水生态补偿机制的理论和实践框架。

2 农业节水生态补偿的特征及理论基础

2.1 农业节水生态补偿的特征

2.1.1 生态补偿机制概念的内涵与外延

2.1.1.1 生态补偿机制概念的内涵

生态补偿是一种以保护生态服务功能、促进人与自然和谐相处为目的，根据生态系统服务价值、生态保护成本、发展机会成本，运用财政、税费、市场等手段，调节生态保护者、受益者和破坏者经济利益关系的制度安排。

定位问题。农业节水生态补偿机制的提出是为了解决西北农业节水问题被提出的。在现有的农业节水政策体系中，没有有效解决农业节水与生态环境保护的政策手段，这就是农业节水生态补偿要解决的特定问题。

基本性质问题。基本性质是生态补偿机制作为一种环境政策手段的属性及其调整的对象和方向，就是矫正农业节水主体活动所形成的环境利益和节水主体经济利益分配的关系，是以经济激励为主要特征的环境经济政策和其他相关的制度安排。这里的环境利益是因节水而带来的生态服务功能的提高，经济利益是因节水活动造成的经济利益的变化。矫正后的利益关系应该是，需要环境利益的主体要支付费用，生产生态服务的主体应得到经济回报。

2.1.1.2 生态补偿机制概念的外延

外延问题左右着生态补偿机制的政策使用边界。确定外延要考虑两个因素：一是基本定位和基本性质；二是与现行相关政策的关系。外延太小，解决不了现实存在的问题；外延太大，会与现有政策产生重叠或矛盾，不利于解决问题。在有关节水政策中，《水利产业政策》所包含的内容较为全面。《水利产业政策》第二十六条对农业节水提出要求，农业要大力推进节水灌溉，研究推广农业旱作技术和渠道衬砌、管道输水、喷灌、渗灌等节水技术，尽快改变大水漫灌等浪费资源的灌溉方式。第二十七条规定，严格执行节约用水和用水定额管理的有关规定。用水单位要采用循环用水、一水多用等节水措施，大力开发和推广节水技术。然而无论是《水利产业政策》，还是新《水法》及其他的节水政策，都规定了对浪费水的行为具有一定的约束，但缺乏对农业节水的激励性措施。很显然，《水利产业政策》及《水法》缩小了节水政策的范围，基于经济激励政策处于空白，对农业节水没有起到激励作用。面对西北地区严重的生态退化现实，建立基于农业节水方面的生态保护政策，特别是经济激励政策是一项非常紧迫的任务。

明确生态补偿机制概念的基本定位和性质，根据我国现有环境政策体系的结构，农业节水生态补偿机制的主要作用对象应该是缺水地区，存在水危机的区域，如我国的西北地区、华北部分地区、东北西北部等。

2.1.2 建立生态补偿机制应遵循的原则

建立生态补偿机制应遵循四个原则。一是要从实际出发，尊重国情、区情；二是对要解决的实际问题要有针对性；三是符合相关学科的理论原则；四是处理好与现有的政策的关系。

2.1.3 生态补偿的特征

生态补偿可以分为三个层次：首先是生态环境的外部性内部化手段，通过生态补偿控制资源开发造成生态环境破坏的外部成本，体现生态环境保护的外部效应；其次是一种促进生态环境保护的经济手段，开展有利于生态保护的财政和税费制度改革，优化社会经济活动和资源配置；最后是一种区域协调发展制度，依据生态环境的外部性和区域性特征建立区域生态补偿机制，提高生态环境保护的积极性和保护效率，促进区域的协调发展。

从理论上看，生态补偿是促进生态环境保护的一种经济手段。生态环境是由各种自然要素构成的复杂系统，具有环境与资源的双重属性，生态环境具有3个方面的价值。①固有的自然资源价值，即未经过人类劳动参与的、天然产生的那部分价值，它取决于各自然要素的有用性与稀缺性；②固有的生态环境价值，即自然要素对生态系统的功能价值，包括维护生态平衡、促进生态系统良性循环，也就是生态系统服务功能的价值；③基于开发利用自然资源的人类劳动投入所产生的价值，包括为保护和恢复生态环境所需要的投入。自然资源本身就是生态环境的组成部分，但目前几乎所有的资源开发利用制度都只体现了自然资源的价值，而没有反映生态环境的价值。

生态环境具有重要价值，对生态系统价值，特别是生态系统服务功能价值的认识和研究，是建立生态补偿机制、反映生态系统市场价值的重要支持。

通常对于补偿标准的确立应综合考虑 3 个方面的因素：①被补偿者行为的成本；②被补偿者行为产生的经济效益；③被补偿者行为产生的生态效益。一般来说，如果被补偿者行为产生的经济效益不能覆盖其行为付出的成本，就按实际差额核算基本补偿金，然后在此基础上，加上针对其行为产生的生态效益所应补偿的数额。

2.2　农业节水生态补偿基本理论

2.2.1　成本—收益分析

假定农业节水标准变化的成本与收益曲线如下图所示。C_0 是边际成本曲线，R_0 是考虑收益内部化后设计农业节水补偿政策时的边际收益曲线，如果政府追求农业节水收益最大化，则两条曲线的交点就是设计的节水标准，这个标准在实际中也能得到很好执行，所以，也同时是执行的标准。由于农业节水带来的环境服务的外部性特征，提供环境服务的地区只能得到部分环境服务收益，如果不对其进行补偿，其边际收益曲线就会低于 R_0，如处于 R_1 的位置，此时，地方政府实际执行的标准是 S_1，小于规定的环境标准 S_0。

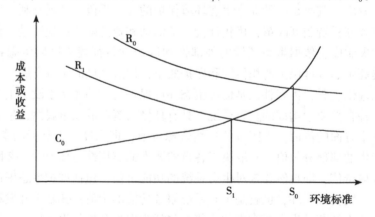

图　农业节水标准变化的成本与收益曲线

农民减少农业水的使用，节约了水资源，保护了生态，可能因节水造成部分产量的丢失，如果农民的所得不能覆盖其所失时，这种状况是不可能持续存在的。农民在节水中所产生的收益在大多数情况下不能弥补减少农业用水所造成的产量下降对应的收益减少。另外，新的节水措施的实施所增加的成本在大多数情况下大于节水减量带来的成本的减少。这时就需要通过农业节水制度的创新，保证农民的收益，激励农民继续采用有利于节水的生产方式，使农业节水走向可持续发展道路。

2.2.2 外部性理论

所谓外部性是指某个经济主体对其他经济主体产生的外部影响，而这种外部影响又不能通过市场价格进行买卖。依据外部性的影响效果可分为外部经济与外部不经济。外部经济就是一些人的生产或消费使另一些人受益而又无法向后者收费的现象；外部不经济就是一些人的生产或消费使另一些人受损而又无法补偿后者的现象。

用数学语言来表述，所谓外部效应就是某经济主体的福利函数的自变量中包含了他人的行为，而该经济主体又没有向他人提供报酬或索取补偿。

$F_j = F_j (X_{1j}, X_{2j}, \cdots, X_{nj}, X_{mj})$ $j \neq k$，这里 j 和 k 是指不同的个人（或厂商），F_j 表示 j 的福利函数，X_i （$i=1, 2, \cdots, n, m$）是指经济活动。函数表明，只要某个经济主体 j 的福利受到他自己所控制的经济活动的影响，同时，也受到另外一个人 K 所控制的某一经济活动 X_m 的影响，就存在外部效应，而这种外部效应在不能通过市场价格买卖的情况下，政府可通过适当的政策制度来解决。例如，地处黑河中游的张掖市响应国家号召，为了防止下游的生态退化，实施黑河分水行为，保护了流域生态环境，产生了外部经济，但张掖市的应有利益不可能通过市场得到下游地区的回报。在这种情况下，国家就应该出台相关政策来弥补张掖市的经济损失。

2.2.3 环境价值理论

环境的价值包括使用价值和非使用价值两部分。环境的使用价值又分为直接使用价值、间接使用价值和选择使用价值。所谓直接使用价值是指直接进入当前的生产和消费活动中的那部分环境资源的价值，如水资源使用费；间接使用价值是指以间接的方式参与消费和经济活动过程的那部分环境资源的价值，如生态功能、水环境质量等；而选择使用价值则是指当代人为了保证后代人对环境资源的使用对环境资源所表示的意愿支付，如对保护森林、生物多样性等的意愿支付。环境的非使用价值又称存在价值，包括人类发展中有可能利用的那部分环境资源的价值，及能满足人类精神文明和道德需求的环境价值，如美丽的风景、濒危物种等。节水产生了多方面的环境价值，节约了水资源、保护了生态、增加了生物多样性，国家应该予以支持。

2.2.4　公共物品理论

公共物品的特征是能够被便宜地向一部分消费者提供，但是一旦被提供，就很难阻止其他人也消费它，公共物品有两个特性，即非竞争性和非排他性。如果一个商品在给定的生产水平下，向一个额外的消费者提供商品的边际成本为零，则该商品是非竞争的。非竞争的产品使每个人都能够得到，而不影响任何个人消费它们的可能性。如果人们不能被排除在消费一种商品之外，这种商品就是非排他的。其结果是，很难或者不可能对人们使用非排他商品收费，这些商品能够在不直接付费的情况下被享用。非竞争和非排他的公共物品以零边际成本向人们提供效益，没有任何人会受到排斥。

公共物品的存在为政府的管制和干预提供了依据。因为对于公共物品，免费搭车者的存在使得市场很难或者不可能有效地提供商品。当涉及的人很少也很便宜时，人们可能会自愿分摊成本。当涉及的人很多，人们可能不愿意分摊成本，此时就必须由政府补助或者由政府直接提供公共物品。

水资源也是一种公共物品生产行为，也会产生搭便车现象。例如，农民减少了水的使用，增加了生态用水的量，附近的公众都能享受生态环境的优化而不用支付费用，长期下去，节水的农民在没有得到利益补偿后，不会长期节约用水，优美的环境不会得到长期的供给，必须由政府实施相应的制度以建立合理的节水生态补偿机制。

2.2.5　激励理论

农业节水的主体是农民，激励理论从人的需要出发，分析通过什么方式来对行为者激励，以使行为者采取一定的行动来达到既定的目标。这一理论为推动我国农业节水生态工程建设提供了理论基础。

2.2.5.1　行为发生理论

一般西方行为科学理论认为，推动人的行为发生的动力因素有三：即行为者的需要、行为动机、既定的行为任务和目标。行为者需要是推动人的行为发生的原始心理动力，或称动力源泉；行为动机是推动行为产生的直接力量，它是由行为者需要衍生出来的；既定的行为任务和目标是行为者在行为过程中所要达到的预期结果，它对行为者具有吸引拉动作用，构成人类行为的吸引力。

2.2.5.2　行为改造理论（行为激励理论）

行为改造的基本内容就是行为的强化、弱化和方向引导。所有这一切，其中新问题都是行为激励问题（所谓行为激励系指激发人的行为动机使人有一股内在的行为冲动，朝向所期望的目标前进的心理活动过程），即通过激励来实现行为的强化、弱化以及对行为方向的引导，对希望发生或希望更多发生的行为实施强化激励，对不希望发生或希望较少发生的行为则不实施激励，以致使这种行为冲动弱化，以此来引导行为转向达到引导行为方向的目的。

2.2.5.3　行为改造型激励理论

重点是如何把人的消极行变为积极行为的理论。①操作条件反射论。斯金纳的《操作条件反射论》特别重视环境对人的行为的影响作用，认为人的行为只不过是对外部环境刺激所作的反应，只要创造和改变外部操作条件（外部环境），人的行为就可随之改变行为目标，作为一种外界刺激是导致行为发生的直接原因，因此，在行为激励上，则应该在实施行为前就给行为者确立一个具有刺激作用的行为目标，并且在行为产生后，再根据行为绩效来给予奖惩。②归因论。人们对过去的行为结果及成因的认识对日后的行为具有决定性影响，所以，为了引导日后的行为，首先必须端正对过去的行为成功与失败的原因的认识，也就是说，可以通过改变人们对过去的行为成功与失败的原因的认识来改造人们的日后行为。因为不同的归因会直接影响人们日后行动的态度和积极性。

2.2.5.4　过程型激励理论

过程型激励理论主要是研究激励水平的高低，人们如何才能受到激励，如何通过激励将行为保持下去。

（1）期望理论

当人们有需要又有满足这些需要、实现预期心理目标的可能时，其积极性才高，即激励水平 = 期望值×效价。期望值是人们对自己的行为能否实现预期目标的主观概率，即主观上估计达到目标的可能性；效价是人们对某一目标的重视程度与评价高低，即人们在主观上对某一报酬的价值大小的估计。由公式可知，要提高激励水平，一方面，要提高行为期望值，即提高实现行为目标的可能性，这就要对行为者进行培训，提高其能力，并创造良好的外部行为环境和行为条件；另一方面，就要提高报酬物的效价，即想办法使报酬的内容符合行为者的实际需要，想办法提高行为者对该报酬的重要性和意义的认识，培养行为者对这一报酬物的需要。

（2）公平理论

公平理论是在社会比较中探讨个人所做的贡献与他所得的奖酬之间如何平衡的一种理论。亚当斯认为，当一个人察觉到他的行为努力和由此而得到的报酬的比值与他人的投入对报酬的比值相等时，就是公平；否则，就是不公平。公平就能激励人，不公平则不能激励人。也就是说，人们能否受到激励，不仅由他们得到了什么报酬和多少报酬决定，更重要的是他们看到别人或以为别人所得到的报酬与自己的报酬是否公平而定。因此，在行为激励过程中，就要尽量创造公平，消除不公平。总之，行为激励和行为改造的目的在于激发人的正确动机，调动人的积极性与创造性，充分发挥人的能动效应；强化优良行为，弱化不良行为。农业节水生态工程的准公共物品属性使消费者在消费时产生"拥挤"现象，而在进行农业节水时产生"搭便车"的心理。怎样引导和激励农民节水行为，是农业节水走向可持续发展的重要课题，激励理论为这方面的研究提供了理论支持。

2.2.6　制度理论

2.2.6.1　制度的概念与构成

制度是约束人类行为的规则，人类是在一定的制度框架内活动。以凡勃伦、康芒斯为代表的制度经济学，侧重于从心理学、伦理学、法学角度去认识、定义制度；以加尔布雷斯为代表的新制度经济学，认为只要不是经济性的数量关系的因素，都可以将其归之为制度因素，所有制、分配关系、公司制度、法律、社会意识等都可以包括在制度之内；以科斯为代表的新制度经济学对制度的分析集中于产权制度，诺思认为，制度是一种社会博弈规则，是人们所创造的用于限制人们相互交往行为的框架。

关于制度的理解中代表性的观点有：林毅夫把制度定义为社会中个人所遵循的行为规则，制度可以被设计成人类对付不确定性和增加各效用的手段。张曙光认为，制度既可以指一个个具体的制度安排，即指某一特定类型活动和关系的行为规则，也可以指一个社会中各种制度安排的总和。根据自然资源利用制度借以实现的形式，可将自然资源利用制度分成正式约束、非正式约束和实施机制。正式约束是开发利用保护自然资源的一系列政策、法则。非正式约束是指关于自然资源利用的价值信念、伦理规范、道德观念、风俗习惯和意识形态。需要注意的是，与正式约束相比，非正式约束能更直接地影响人们利用自然资源的行为，可以节约信息费用，有效克服"搭便车"问题。实施机制是产权流转过程中的运行机理，用以维护制度的约束力。

2.2.6.2 制度的功能

从自然资源利用的角度看制度的功能，主要有以下几个方面：一是激励功能。激励就是要激发经济当事人合理有效地开发利用自然资源的内在动力，调动其积极性。二是配置功能。从理论上讲，一定的制度安排也就使资源得到了相应的配置，进而影响到资源的利用效率。三是约束功能。制度的约束功能有两层含义：其一是指经济当事人在制度规定范围内进行决策；其二是对超过制度约束边界的经济当事人的行为进行约束。四是保障功能。通过制度安排，能有效地起到保护经济当事人权益的作用，从而使其在与他人的交往中形成合理而又稳定的预期，有利于外部利益内部化。五是利益分配功能。不同的制度安排决定了不同的产权结构，而不同的产权结构决定了不同的利益分配结构不同。

2.2.6.3 制度创新的相关理论

所谓制度创新是指制度的革新、改革等，是用新的更有效率的制度来替代原有制度以获取更大的制度净收益，也就是指通过提供更有效率的行为而对经济发展做出贡献。

制度创新理论的提出者是美国的诺思和戴维斯，他们把制度创新过程分为以下5个步骤：①形成"第一行动集团"。这是指在决策方面支配着制度创新过程的一个决策单位，它可能是单个人或是团体，即熊彼特意义上的创新创业家。②"第一行动集团"提出制度方案。由于不同的集团其制度收益和成本的计算标准有所差异，因而，制度创新的路径并不是唯一的。③"第一行动集团"对实现之后纯收益为正数的几种制度创新方案进行选择，选择的标准是最大利润原则。④形成"第二行动集团"。这是在制度创新过程中，为帮助"第一行动集团"获得预期纯收益而建立的决策单位。⑤两个集团共同努力，使制度创新得以实现。

诺思和戴维斯提出，在经过上述这些步骤而使制度创新实现后，这时就出现了制度均衡的局面，即外界已不存在可以通过制度创新而获得潜在利益的机会，也就没有制度创新的可能性。只有在出现技术方面的创新、制度方面的新发明或新的组织形式和经营管理方式以及法律、政治情况变化导致的社会政治环境发生变化等变动，那么制度均衡就会被打破，新的制度就会出现。

2.2.6.4 诱致性制度变迁和强制性制度变迁

新制度经济学家根据制度创新主体的不同，将制度创新分为两种形态，即诱致性制度变迁和强制性制度变迁。

（1）诱致性制度变迁

诱致性制度变迁是指制度变迁由一群（个）人在响应获利机会时自发倡导、组织和实行的，其主体是一群（个）具有有限理性的人。不同经验人对制度不均衡的程度和原因认知是不同的，寻求分割收益的方式也有差异，因此，要使一套新的行为规则被接受或采用，个人之间就需要经过讨价还价的谈判达成一致意见。诱致性变迁是否发生，主要取决于个别创新者的预期收益和预期成本的比较。

（2）强制性制度变迁

在社会经济发展过程中，尽管出现了制度不均衡，外部利润以及制度的预期收益大于预期成本等诸多有利于制度变迁的条件，但此时"搭便车"现象相当严重，那么，第一行动集团可能并不会进行诱致性制度变迁。在这种情况下，强制性制度变迁就会代替诱致性制度变迁。

强制性制度变迁由政府和法律引入和实施，其主体是国家。作为垄断者，国家在使用强制力时有很大的规模经济，在制度供给、制度实施及其组织成本方面都有优势，可以比竞争性组织以低得多的费用提供一定的制度性服务。国家可以凭借其强制意识形态等优势减少或扼制"搭便车"现象，从而降低制度变迁成本。如果制度变迁为人们提供了一种新的机会、新的可能，使得人们能够获得更大的利益，而没有人在此过程中受到损失。那么，这个制度变迁过程就是"帕累托改进"。这时，制度变迁就能顺利完成。在实践中，越接近"帕累托改进"的体制改革，所引起的利益摩擦和社会震动越小，越容易进行。反之，在制度变迁过程中，若有人遭受损失，就属于"非帕累托改进"。受损失的人数越多，受损失程度越大，制度变迁的阻力就越大。西北农业节水工程是属于有损于该地区利益的"非帕累托改进"，将面临巨大的阻力。要消除这种阻力，就要把"非帕累托改进"转化为"帕累托改进"。实现这种转化的基本办法就是"补偿"，是由政府出面，通过转移支付把制度变迁受益者的一部分收入用于补偿受害者的损失；或是由双方直接"交易"，受益一方支付给受害一方补偿。要对所有利益受损者进行足额的补偿，使制度变迁过程中没有一个人利益受损，在实际中难以做到，通过补偿，使受损人数减少，使每个受损人的损失减少，阻力就会减少，再加上严厉的执法，这项制度变迁就更容易全面实施。

3 构建西北农业节水生态补偿机制

世界观察研究所出版的《最后的绿洲》的作者桑德拉·波斯特认为，运用今天的技术和方法，在不影响经济和人类生活质量的条件下，农业可以减少用水 10%~50%。我国 30 年的实践也证明了这一点，20 世纪 80 年代以来，我国农业用水并没有明显的增加，其中粮田的灌溉用水量甚至因工业、城镇居民用水的增加而有所减少，而粮食总产量却从 3 亿多 t 提高到 5 亿 t。事实说明，未来农业和经济的发展并不单纯依靠水资源的数量，而应依靠工程、技术、管理和用水制度，来提高用水效率。中国农业大学中国农业节水问题中心主任康绍忠教授认为，农业节水发展的制度研究方面的滞后，已成为制约农业节水技术应用和提高效益的重要因素。影响节水技术实施经济效益的因素是多方面的，有技术本身的原因，有区域经济发展的原因，也有水管理方法和政策方面的原因。政策与管理上存在的问题，制约了农业节水技术的应用，对农业节水发展影响很大，不解决这些问题，即使有更有效的节水技术也很难得到长期推广应用。因此，迫切需要建立新的制度和机制，保障节水农业的持续发展。

构建西北农业节水生态补偿机制总体框架，旨在为国家农业节水决策提出一个路线图的作用。正因为是路线图似的制度创新，研究结果更具有理论性、方向性和框架性的属性。

3.1 建立农业节水生态补偿机制的必要性和可行性

3.1.1 建立农业节水生态补偿机制的必要性

（1）可推进西北农业节水的持续性

建立在效用价值论和扭曲的劳动价值论基础上的传统资源价值观认为"资源无价，取之不尽，用之不竭"，这是造成当前资源破坏严重的重要价值观念基础。可持续的资源价值观必须树立"资源有价，有偿使用"的观念，尤其在我们准备实施资源开发的西部地区，这种观念的确立是十分必要的。建立农业节水生态补偿机制，是依靠经济手段，实现"节水就等于增产增效"的法则。激励奖励农民、组织机构、地方政府的节水行为，确定补偿原则、标准和方式，引导农民、组织机构、地方政府的节水行为，才能实现农业节水的持续性。

（2）可推进西北农业产业结构调整，促进"三农"发展

农业用水是中国水资源消耗最大的产业部门，农业用水的集约化、科学化，对解决中国水资源短缺意义十分重大，而这有赖于农业灌溉方式的变革和种植结构的调整。农业灌溉方式的变革受制于农民成本收益的计算、农民的承受能力和技术革新及其推广应用；种植结构的调整受制于地区社会经济发展水平和经济结构调整，与三农问题紧密相关。农业节水生态补偿机制可以使农民节水的成本得以补偿，有利于西北区域农业产业结构调整，促进农业产业向水资源消耗少、环境影响小、结构效益高的方向发展，也是促进西北区域农民增收、农业增产增效、农村可持续发展的重要策略。

（3）可保护西北生态环境，实现国家生态安全目标

西北区域是我国重要的江河源头区、风沙源头区、生态屏障区，自然资源十分丰富，但必须明确，西部地区脆弱的生态环境是以水资源环境为核心的，它是支撑整个生态系统的十分重要的物质基础，一旦水资源环境的损害达到难以恢复的程度，其他资源的开采和利用必将受到严重的限制。因此，西部开发中不能片面追求经济效益，应坚持以水资源的可持续发展为优先的原则。建立农业节水生态补偿机制可使生态敏感区、生态退化严重区、重要生态功能区的水资源利用强度降低，有更多的水用于生态建设，这将为实施长期的、有计划的西部大开发奠定可持续发展的水资源环境基础，以保护西北生态环境，实现国家生态安全目标。

3.1.2 建立农业节水生态补偿机制的可行性

生态补偿机制是自然资源有偿使用制度的重要内容之一。所谓自然资源有偿使用制度，是指自然资源使用人或生态受益人在合法利用自然资源过程中，对自然资源所有权人或对生态保护付出代价者支付相应费用的法律制度。这一概念包括两层含义：一是自然资源作为资源性资产，具有经济价值和生态价值；二是生态环境保护做出努力并付出代价者理应得到相应的经济

补偿，而生态受益人也不能免费使用改善了的生态环境，应当对其进行补偿。近年来，国内外学者所普遍认为生态功能是具有价值的，建议尽快建立生态补偿机制。

我国将在自然保护区、重要生态功能区、矿产资源开发区和重点流域等4个领域进行生态补偿制度试点。生态补偿政策是我国环保部门最关注的领域之一，发达地区对不发达地区、城市对乡村、富裕人群对贫困人群、下游对上游、受益方对受损方、"两高"产业对环保产业，进行以财政转移支付手段为主的生态补偿政策，一旦研究实施成功，将为中国制定可持续发展战略，如主体功能区划与产业布局的重新调整奠定基础。

随着市场化改革的深入和市场经济体制的逐步完善，经济手段在生态环保领域的作用日益凸显。在生态补偿问题上，环境经济手段的作用体现在两个方面，一是对资源使用或环境破坏者征收税费，促使其外部不经济性内在化，并将所收税费用于生态恢复的支出或对生态建设者的损失予以补偿；二是制定优惠、奖励制度，对生态建设或环境保护的正外部性行为进行补贴，以实现公益外溢的补偿。建立生态环境补偿机制，可以将市场主体的环境行为与其经济利益结合起来，从而引导人们积极、主动地合理利用环境资源、保护环境。相对于经济手段从影响成本和效益入手，引导经济当事人把对自身经济利益的关心与对环境保护的关心统一起来。作为权力的代表，政府可以通过提供公共物品，例如城市绿地建设、环境科学研究等弥补市场调节的不足；政府还可以制定政策和法律引导或规制有关环境行为，二者有机结合，互助互补。

当前，建立生态补偿制度的条件已经成熟。加强环境保护，建立生态补偿制度，得到了党中央、国务院的高度重视。2006年4月时任总理温家宝在第六次全国环境保护大会上的重要讲话中明确指示："要按照'谁开发谁保护，谁破坏谁恢复、谁受益谁补偿、谁排污谁付费'的原则，完善生态补偿政策，建立生态补偿机制。"在党的十七大报告中，也明确提出了要"建立健全有偿使用制度和生态环境补偿机制"。另外，近些年来，全国人大和政协关于加强环境保护，建立生态补偿机制的建议和提案逐年上升，在2008年两会提案中，关于节能减排、生态补偿、农业节水、环境保护的建议最为集中。这些建议和提案充分反映了建立生态补偿制度已经具备了广泛的社会基础。建立农业节水生态补偿机制在国家政策层面是可行的。

3.2 节水补偿机制的国际经验

3.2.1 应用的领域

运用于农户的水权、水价政策。美国是实行水权较早的国家，水资源分配是通过州政府管理的水权系统实现的。水权是由法律确认或授予的水的使用权和处置权，是一种财产权利。水权可以继承，可以有偿出售转让，有的地方还可以存入"水银行"，这对用水者具有极大的经济激励作用。

日本《河川法》明确规定，历史上沿袭下来的农业稻田灌溉用水属"惯例水权"，占有优先，禁止水权交易。但随着经济社会的发展，各方面用水需求增加，争水矛盾突出，法律规定在高效利用、节约保护水资源的同时，可通过拥有水权的用户相互协商，对用水进行控制和调整用水量。近年来，日本出现了由城市部门提供部分灌溉设施改造费用，提高灌溉用水效率，节约下来的水则由提供投资的城市部门使用，这是激励农民进行设备更新的一种方法，这种间接改变用途的水权转让在一定程度上促进了节水农业的发展，保护了农民利益。

以色列实行全国统一水价，通过建立补偿基金（通过对用户用水配额实行征税筹措）对不同地区进行水费补贴。不同部门的供水实行不同的价格，用较高的水价和严格的奖罚措施促进节水灌溉。

为鼓励农业节水，用水单位所交纳的用水费用是按照其实际用水配额的百分比计算的，超额用水，加倍付款，利用经济法则，强化农业用水管理。对配额水的前50%的用水按正常价收费（0.1美元/m³），其余的50%将提高水价收费（约0.14美元/m³），对于超过配额用水的前10%，定价为0.26美元/m³，再多的超额用水为0.5美元/m³，此外，为了节约用水，鼓励农民使用经处理后的城市废水进行灌溉，其收费标准比国家供水管网提供的优质水价低20%左右，其亏损由政府补贴。

借鉴与启示：美国是实施水权较早的国家，明晰农业水权，允许水权转让的政策，其水权交易和转让对用水者具有极大的经济激励作用，限制农民无节制的用水，同时又激励农民的节水积极性，但也产生了负面影响，尤其是在当地经济依赖农业的地方，水权的交易将不利于农业的发展。

3.2.2　运用于政府的绿色 GDP 核算体系的政策与实践

挪威早在 1978 年就开始了环境资源的核算，1987 年提交的《挪威自然资源核算》中包括了水资源，建立了实物平衡表帐户。

绿色 GDP 核算体系在德国的研究与实践。德国每年都发布绿色 GDP 核算报告，其中包括产生污染的经济活动、物质能源流量的详细计算、环保支出等。在绿色 GDP 的核算方面，德国采取的方式是建立一个同传统核算体系平行的辅助体系，基本上采纳了联合国对绿色 GDP 核算体系的设计建议。德国绿色 GDP 核算分为三个部分，第一部分，建立财产账目，通过自然财产对财产概念进行扩展，得出物质财产，并以非货币形式对物质财产进行计量；第二部分，建立生产账目，包括原材料、废物和有害物质，进行物质流的计算；第三部分，货币估价，通过对传统加入环境分析，从而对物质财产和物质流账户进行估价。通常，这些计算结果由科研机构公布，联邦统计局也通过和这些研究机构的合作，提供一些基础数据。

绿色 GDP 核算体系在墨西哥的研究与实践。墨西哥也率先实行了绿色核算体系，墨西哥在联合国的支持下，将石油、各种用地、水、土壤、空气、森林等资源列入环境经济核算范围，再将这些资源及其变化编制成实物指标数据，通过估价将各种资源的实物量数据转化为货币数据。这样，在传统国内生产净产出的基础上，通过计量石油、水、木材的耗减成本和土地转移引起的损失成本，得出环境退化成本，作为国内生产净产出的减项。

借鉴与启示：中国疆域大，经济发展存在不平衡，资源分布不均匀，在全国范围内实行统一的绿色核算体系有难度，可以在生态环境与经济发展矛盾突出的区域展开试验。如甘肃省河西地区生态环境的保护与经济发展的矛盾，将水资源列入环境经济核算范围，再将其及其变化编制成实物指标数据，通过估价将水资源的实物量数据转化为货币数据，通过计量水的耗减成本引起的损失成本，得出环境退化成本，作为国内生产净产出的减项。修订GDP，得出绿色 GDP。

3.3　生态补偿机制的国内实践与经验

3.3.1　我国生态补偿的进展

我国是世界上开展生态补偿工作较早的国家之一，《国务院关于进一步加强环境保护工作的决定》（1990 年）中明确规定了"污染者付费、利用者补偿、开发者保护、破坏者恢复"的原则。1992 年年底，原国家林业部就提出了面对"濒危林业"的严峻现实，必须尽快建立中国森林生态补偿机制，同时还提出由"直接受益者付费"的方案。在 1998 年长江洪水之后，面对上游生态破坏的严峻现实，国家实施了天然林资源保护、退耕还林等重点工程，长江中上游大量的天然林被禁止采伐，生态补偿也得到了各方的重视，成为目前比较热门的话题之一。1998 年 7 月 1 日重新修改的《森林法》明确规定："国家建立森林生态效益补偿基金，用于提供生态效益的防护林和特种用途林的森林资源、林木的营造、抚育、保护和管理。"2000 年，国家又发布《森林法实施条例》规定："防护林、特种用途林的经营者有获得森林生态效益补偿的权利。"从 2001 年起，国家财政拿出 10 亿元在 11 个省区开展生态补偿试点，还拿出 300 亿元用于公益林建设、天然林保护、退耕还林补偿、防沙治沙工程等。

自 20 世纪 80 年代中后期以来，国家已在生态环境的保护与建设工作中，展开了许多针对生态补偿的探索性实践。最典型的生态补偿政策就是"退耕还林"。浙江大学沈满洪博士在水生态保护的补偿机制研究提出补偿价格的确定是建立生态补偿机制的一个核心问题，用机会成本法对千岛湖引水工程生态补偿的额度进行测算。西北师范大学宋先松对黑河流域生态保护和建设的补偿机制研究，分析了黑河流域上中下游生态问题，提出了流域生态保护和建设的对策，对流域生态补偿研究，是从流域生态环境和生态建设的角度探索。2005 年，中国环境与发展国际合作委员会根据已有的研究基础和紧迫的决策需求，组建了"中国生态补偿机制与政策研究课题组"，对中国建立生态补偿机制的战略与政策框架、生态补偿机制的理论与方法开展研究，围绕流域生态补偿机制及其政策设计、矿产资源开发的生态补偿机制及其政策设计、森林生态效益补偿机制、自然保护区的生态补偿机制开展了研究，是中国生态补偿机制与政策研究的良好开端。

有效的生态补偿机制是遏制生态环境恶化，控制资源浪费，建立生态公平，促进人与自然和谐的重要措施。2007 年，农工党中央与全国政协人资环委进行了生态补偿的联合跟踪调研。调研中了解到，我国建立生态补偿工作已经开始起步，并受到全国各地的一致认同和支持。但是，要落实这项涉及生态保护和资源开发的重要举措，还存在一些亟待解决的问题——生态补偿的进展与需求存在明显差距。一些严重的生态破坏现象因补偿机制滞后未得到有效遏制，例如草原退化、河流污染、水源缩减等，客观上提出了加快生态补偿进程的要求。

3.3.2　绿色 GDP 的进展

中国的绿色 GDP 核算和环境经济核算工作起步相对较晚，但是发展较快。进入 2004 年，科学发展观的提出，粗放式投资过热"高烧不退"，新政绩考核制度的推行和国民经济核算改革的趋势，使得中国开展绿色 GDP 核算得到了前所未有的重视，特别是国家政府和领导对此高度重视，为此，要求中国绿色 GDP 核算必须在原有研究与实践工作基础上提高、规范，逐步进入实质性操作阶段。

随着可持续发展理论、农业节水理论的提出以及科学发展观理论的发展，为绿色 GDP 核算体系的发展奠定了更为坚实的理论基础。水资源费的标准的确定方法采用两种方式：①成本计算法，它适合于水资源条件好、供需矛盾不大、水资源使用者得不到级差收益和垄断利润或仅能获得少量级差收益地区的水资源费的计算；②倒推法，即首先确定水资源费标准所依据的水资源产品价格，然后根据资源产品价格和本地区各种水源人工水个别生产价格计算出两者之间的差额。黄贤金在深刻分析马克思的劳动价值基础上，提出了自然资源二元价值论，即认为自然资源物质无价值，自然资源资本具有虚幻的社会价值，由此提出了自然资源稀缺价格理论。在对当时的自然资源价格评估方法分析的基础上，他认为影子价格法是最适合的自然资源价格评估方法。张志乐认为，地租理论是天然水资源价格计算的基础，并提出了水资源费或者间接水价的基本计算方法。同时，姜文来的研究成果形成了专著《水资源价值论》，此书是国内外首部以水资源价格为论题的专著，著作以可持续发展的观点为指导思想，围绕水资源价值展开论述，从不同角度探讨了水资源价值来源。

小结：我国绿色国民经济核算多以对于污染所带来经济和生态损失等负效应方面的领域研究较多，而对于农业节水有可能带来的经济损失和生态增值还没有开展研究；针对农民农业生产要素的农业节水生态补偿的问题还缺乏研究。

3.4　西北农业节水生态补偿机制构建

3.4.1　西北农业节水生态补偿机制的战略定位

建立西北农业节水生态补偿机制的战略定位是，在西北建立节水生态补偿机制不仅是节约水资源、完善节水政策、保护生态环境的关键措施，而且是落实科学发展观，建立和谐社会的重要途径。

　　建立农业节水生态补偿机制的现实目的是解决西北面临的水资源危机所带来的生态环境问题、社会稳定问题和区域经济问题；战略目标是调整农业节水相关利益主体间的环境与经济利益的分配关系，协调生态环境保护与区域发展的矛盾，促进区域和谐发展。水资源补偿的目的是进行水资源的合理有效恢复，促进水资源可持续利用（见图）。

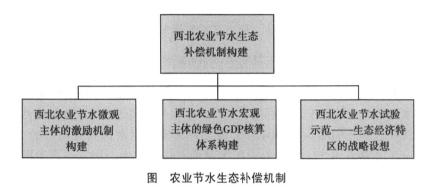

图　农业节水生态补偿机制

3.4.2　农业节水生态补偿机制应确定的主体

　　中央政府应根据西北地区缺水严重的现实情况，尽快规划我国农业节水生态功能区划方案。同时，中央政府应构建农民农业节水激励机制和地方政府绿色 GDP 核算体系机制，将其纳入《中华人民共和国水法》之中，增强实践的法律推动力。

　　农业节水微观主体——农民的节水行为。这是一家一户的微观节水主体，利用经济杠杆激励农民节水行为，建立适合农户农业节水的激励机制。

　　农业节水宏观主体——地方政府行为。地方政府承担着发展地方经济与保护生态环境的责任，探索建立绿色国民经济核算体系，改革现行的经济核算体系，建立一套绿色经济核算制度，建立地方官员绿色政绩考核制度，科学协调区域水资源，配置水资源，达到经济发展与生态恢复的平衡。

3.4.3　建立农业节水生态补偿机制的政策手段

　　根据国内外经验和我国退耕还林生态补偿政策结构状况，有两大类政策手段可以用于实现农业节水生态补偿目的。公共财政政策类包括：纵向财政转移支付政策；生态建设和保护投资政策；地方同级政府的财政转移支付；税费和专项资金；税收优惠、扶贫和发展援助政策；经济合作政策。市场手段类包括：一对一的市场交易；可配额的市场交易；生态标志等。

3.4.4 在西北建立农业节水生态补偿机制试验的优先区域

在西北内陆河流区域选择重要生态功能区为重点，重要生态功能区以国家食品生产基地、国家重要设施机构区、对上下游流域生态影响重大、对整个西北地区有示范作用的区域为重点；已纳入中央政府节水型社会建设试点项目，农业节水有一定的基础，地方政府财政较好的地区级城市区域优先。

3.4.5 西北农业节水生态补偿机制创新框架

3.4.5.1 设计农民农业节水的激励机制——农业节水生态补偿机制

水资源的短缺和不合理利用引发的生态和环境问题已经成为阻碍西北地区经济社会发展的瓶颈。2004 年，西北地区农业用水占到总用水的 77%，2006 年农业耗水占 75.7%，农业的大量用水挤占了生态用水，严重影响了西北生态和环境建设，引起了党和政府对生态建设的高度重视，采取一系列措施，促使生态状况好转。2006 年颁布的《中华人民共和国国民经济和社会发展第十一个五年规划纲要》明确提出，要尽快建立生态补偿机制。为了建立促进生态保护和建设的生态补偿机制，中国环境与发展国际合作委员会根据已有的研究基础和紧迫的决策需求，组建中国生态补偿机制与政策课题组，对流域、矿产资源开发、森林和自然保护区四个方面的国家战略、理论方法进行了深入研究。国家还没有将农业用水等农业生产要素列入研究内容。农业节水技术的推广、农民节水积极性的激励，都需要建立以农民为主体的农业节水激励机制。

西北地区的经济相对落后，靠自身能力进行生态建设的可能性不大。可行的生态补偿政策应以中央政府和社会补偿为主，自身补偿作为补充是切合实际的。西北地区农业节水生态补偿的对象可以划分为对水资源保护做出贡献的组织机构给予补偿、对在农业生产中节水的农民给予补偿、对在区域农业结构调整中减少高耗水作物改种低耗水作物的损失者给予补偿等。给经济利益受影响者以适当的补偿是符合一般的经济原则和伦理原则的。

西北农业节水生态补偿的方式以资金补偿、知识补偿为主，因为只有在农民的生活得到保障的前提下，才会有节水的积极性；西北地区农业节水需要一批掌握节水技术和懂田间管理的劳动者，在农业结构调整中需要农民对生态农业、特色农业、节水农业的了解和掌握。这种补偿是帮助农民"自我造血"式的补偿，培训农民使农业节水的成果得到巩固。

3.4.5.2 设计调动地方政府节水积极性的机制——绿色 GDP 核算体系

把资源成本和环境成本纳入国民经济核算体系，以从根本上改变党政领导的政绩观，推动由粗放型增长模式向低消耗、低排放、高利用的集约型模式转变，从而真正把科学发展观落实到经济建设的各个层面、各个领域。可以说，绿色 GDP 概念的提出，找到了经济发展、环境保护、有效利用资源的一个结合点，使实行绿色 GDP 核算成为贯彻落实科学发展观的一个切入点。

目前，"考核官员的环保责任"已逐渐成为国际趋势，2002 年的南非可持续发展世界首脑会议便强调建立各级政府的"环境保护问责制"，环保政绩一定要与政府官员任免密切挂钩。将农业节水绿色 GDP 纳入我国统计体系和干部考核体系，确立环保评价一票否决机制，实行行政首长以"农业节水绿色 GDP，特别是人均绿色 GDP"为核心的政绩考核体系，改变过去只重经济指标的政府业绩评价方法，纠正以传统 GDP 作为政府工作业绩指挥棒的扭曲性，使政府对官员的考核变得更为科学和全面，从根本上改变政府官员的传统政绩观，使高耗水型经济增长模式向低耗水、高利用的集约型模式转变。

绿色 GDP 核算克服了现行 GDP 忽略环境资源成本的缺陷，在体现经济增长水平的基础上，反映经济增长与环境统一的程度。自 20 世纪 80 年代以来，许多国家针对绿色 GDP 进行了多方位的研究。1993 年，联合国、世界银行和国际货币基金组织联合出版的《综合环境与经济核算手册》（SEEA）就包括了绿色 GDP 核算，在很大程度上推动了绿色 GDP 的国际化发展。

绿色 GDP 核算建立过程分三步完成。第一步是完成水资源实物量核算；第二步是完成环境实物量核算；最后一步是待条件成熟后开展水资源和环境价值量核算。建立"账户"，用于核算发展经济所消耗水资源的总量及其构成情况。

绿色 GDP 是人们在经济活动中处理经济增长、资源利用和环境保护三者关系的一个综合、全面的指标，具有引导社会经济发展不仅注重眼前效益，更追求长远利益的导向作用，为干部政绩考核提供科学依据。中国科学院可持续发展战略研究组首席科学家牛文元等提出从考核干部政绩入手，将"绿色 GDP"标准列入政绩考核干部，水资源消耗强度，即万元产值水资源消耗；环境污染排放强度，即万元产值的"三废"排放总量，体现了经济增长对环境的压力水平和程度。当前党政领导干部绩效考核指标中，已经纳入了环境和资源保护的指标，由于绿色 GDP 核算将自然资源耗减、环境污染与生态恶化造成的经济损失加以货币化，检验社会生产力发展得失的同时，检验自然生产力的消长，可以督促决策者从根本上提高资源配置效率，解决资源、环境与经济相互制约的现状，构建与环境和谐的新经济体系。

绿色 GDP 纳入干部绩效考核指标已成为趋势，绿色 GDP 纳入干部的政绩考核或评价制度具有重要意义。我国进行的绿色 GDP 研究试点工作是探索性的，其公布的一些指标也只是一些局部的指标，是科研单位与一些部门的研究成果，还不能代表国家的绿色 GDP。国家绿色 GDP 核算体系应该包括农业生产要素的水资源等。绿色 GDP 优越于 GDP，GDP 是绿色 GDP 的基础，只有将绿色 GDP 与 GDP 进行比较时，才能清楚地看出资源耗减成本和环境损失的代价，将 GDP 与绿色 GDP 一起同时作为国民经济的指标，才能真正体现社会经济发展的可持续程度，才能体现人与自然的和谐与进步，才能体现农业节水理论的发展内涵。

3.4.5.3 建设农业节水国家生态经济特区

建立国家生态经济特区的目的。建立生态经济特区可为西部生态建设及国家生态安全保障提供试验示范。国家生态特区的核心就是实践国家特殊政策，使该地区的实践为国家生态安全建设积累经验。主要包括制度设计、政策实施，生态效益补偿基金运转的常态化和规范化；变部门分散投资为区域集中投资、统一规划和使用；国家为特区提供适当的人才和经费支持；制定特区发展考核指标：国家生态特区内将以生态质量为政府考核主要标准，生态目标作为区域发展的第一目标，改变 GDP 为唯一指标的发展观，让地方政府在生态建设方面有较大发言权，根据区域具体条件制定相应的政策措施。

生态经济特区节水机制的实践涉及区域节水的系统，农业节水是一个系统工程，制度设计必须在实践中检验才能发现其中的不足，不断完善修订制度，达到完美。建立国家生态经济特区的意义如下。

第一，有利于提高它在政府和国民心目中的地位，可以得到国家的政策支持和公众的认识。

第二，建立符合地区环境建设及经济发展的生态补偿机制，从制度上明确特殊地区的特殊发展道路和发展目标。

第三，有利于有限资源的优化组合，将分部门、分项目的资金捆绑使用，统一调配和使用，将资源进行有效整合，提高资金使用效能。

第四，促进区域和谐发展。整合国家生态工程与地方经济发展之间的关系，解决可能产生的社会问题，消除社会不稳定因素，促进和谐社会建设及区域可持续发展。

第五，建成生态建设的示范基地。我国的生态建设具有长期性和复杂性特点，在生态特区进行示范性生态建设，可以积累经验，为整个国家生态建设节省大量的物力和财力。

我国面临着严峻的生态压力，丝毫不亚于经济方面的挑战。西北地区的生态建设比经济建设更重要。生态经济特区需要出台相关政策，突破工程性措施为核心的"部门生态战略"，实施区域生态与经济综合规划和发展的"区域生态战略"，为我国西部生态建设及国家生态安全保障提供示范。

4　微观农业节水方式创新——农户农业节水激励机制

我国对水资源的重视正处在从生活、生产向生活、生态、生产兼顾的方向发展的阶段，水资源实行行政管制，有利于国家宏观目标和整体发展规划的实现。但是，单靠行政管制模式，缺乏激励，农民节水行为被动，不利于节水的健康发展。本章节以我国第一个节水型社会——张掖市为案例，对农户节水行为调查，对政府现有激励措施进行评价，探索适合当地节水的生态补偿机制，提出具有可操作性的政策建议。

4.1　研究思路与方法

农户农业节水激励机制研究采用以下研究思路与方法如图所示。

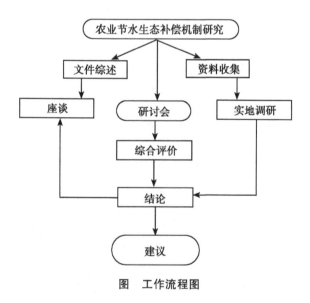

图　工作流程图

（1）收集资料。研究国内外相关文献，收集农业节水激励的相关文献、资料。

（2）访问研讨。与相关领域专家、政府部门官员、基层群众座谈，走访甘肃省农科院专家、张掖市农业局、科技局、种子站，了解各个阶层的意见和建议，与张掖市水务管理部门人员就政府节水经验做法进行探讨。

（3）农户节水行为调查。选择全国第一个节水型社会建设试点城市——甘肃省张掖市进行典型调研，在甘州区大满乡、碱滩乡、党寨镇调查201户农民，收集调查问卷。

（4）综合评价、归纳总结。对张掖市现有节水的做法，出台的政策进行综合评价，提出农业节水激励补偿机制框架和政策建议。

4.2 张掖市农业节水典型案例调研

为了更好地调查和了解农业节水实施情况，选取有代表性的甘肃省张掖市实地调查、研究，了解该地农业节水的实际情况，获取第一手资料，为解决农业节水生态补偿问题提供依据。

4.2.1 张掖市基础条件分析

张掖市地处甘肃省河西走廊中部，位于东经97°25′~102°13′，北纬37°28′~39°59′，全境东西长210~465km，南北宽30~148km，南枕祁连山，北依合黎山、龙首山，黑河贯穿全境，为典型的绿洲灌溉农业区，是我国杂交玉米制种中心，西菜东运基地，肉牛、肉羊产业带，地球最佳葡萄生产带。辖区包括甘州区、山丹县、民乐县、临泽县、高台县和肃南裕固族自治县，总面积4.2万km²，区域内绿洲、农田、牧场和沙漠、戈壁、盐碱滩地交错分布，两条大沙带横穿全境，风沙线长达400多km，沙化土地面积1218万hm²。至2015年，总人口达131.54万，其中非农业人口43.34万人，占全市总人口的32.91%，主要以汉族为主，另有回族、裕固、蒙古等25个少数民族，是国务院公布的第二批历史文化名城和对外开放城市。

4.2.1.1 自然资源条件

（1）土地利用现状

全市总面积4.2万km²，耕地面积380万亩（15亩=1公顷。下同）。2014年，全市农作物播种面积380.30万亩，其中粮食作物286.80万亩，占总播种面积的72.1%。全市森林面积674万亩，森林覆盖率10.71%，草原面积 3 800 万亩。区内地势平坦、耕地集中、土壤肥沃，农业土壤类型多样，有绿洲灌淤土等 11 个类型。

（2）水资源

年降水量 100~200mm，年蒸发量大于 1 400mm；境内水源充足，黑河穿境而过，年径流量 24 亿 m^3，水能蕴藏量达 2.2 亿 kW，地下水储量 10 亿 m^3，灌溉条件好；区域及灌溉上游不直接受工业"三废"、城镇生活、医疗废弃物污染，农业生产区域内无任何污染源，空气质量优良。灌溉用水质量不仅符合农田灌溉水一级水质标准（GB5084—1992），而且符合地面水 I 类水水质标准，水质十分优良。

（3）气候条件

张掖地区属典型的温带大陆性气候，农业区海拔 1 200~2 500m，年平均气温 6℃~8℃；≥0℃ 的积温 2 734℃，持续天数 213d，≥10℃ 的积温 2 140℃，持续天数 133d，4—10 月日均温差在 13.4℃~18.2℃ 之间；无霜期 112~165d，年日照时数 3 000~3 600h，年太阳辐射总量 147.99cal/m^2，系太阳辐射高质区，具有太阳辐射强、日照时间长、昼夜温差大等特点。

4.2.1.2 人文地理条件

张掖市面积 4.2 万 km^2，全市下辖甘州区、山丹县、民乐县、临泽县、高台县和肃南裕固族自治县，共有 93 个乡镇，904 个行政村。区内交通通信便利，兰新铁路及国道 312 线、227 线贯通，县（市）乡公路四通八达；西—兰—乌通信光缆横贯全境，数字移动电话与全国并网；县市及乡镇实现了电话程控并与因特网相连。改建后便捷、高速化的国道 227 线、312 线，兰新复线铁路的电气化，民航张掖机场支线业务已开通，加快了张掖立体交通框架的形成。

张掖历史悠久，文化灿烂，名胜古迹众多，人文景观奇特，造型各异的古建筑，构建精巧，绚丽多姿，古有"一湖山光，半城塔影，苇溪连片，古刹遍地"之美景。境内有马蹄寺、大佛寺、西来寺、土塔、镇远楼、山西会馆、明粮仓等古代建筑，黑水国遗址、汉墓群、古城墙、长城烽燧等历史足迹；还有甘泉公园、沙漠公园、黑河山庄等融南国秀色与塞外风光为一体的绚丽的自然景观；祁连山、东大山自然保护区和国家级森林公园风光优美，是全国历史文化名城之一。2016 年 11 月，张掖市被国家旅游局评为第二批国家全域旅游示范区。

4.2.1.3 社会经济条件

2014 年张掖市实现生产总值 336.86 亿元，比 2013 年增长 11.8%。其中，第一产业增加值 93.11 亿元；第二产业增加值 120.3 亿元；第三产业增加值 123.45 亿元。文化产业实现增加值 5.9 亿元，比 2012 年增长 45.32%，占生产总值的 1.75%。按常住人口计算，2014 年张掖市人均生产总值 27 862 元，比上年增长 11.5%。三次产业结构由 2012 年的 28.1：35.5：36.4 调整为 27.6：35.7：36.7，与 2012 年相比，第一产业所占比重下降 0.5 个百分点，第二、第三产业所占比重分别上升 0.2 个和 0.3 个百分点。

（1）经济结构

张掖市总人口 128 万（甘州区 51.63 万），其中农村人口 98.7 万（甘州区 31.55 万），占总人口的 77.1%（甘州区 61.1%）；2014 年，全市国民生产总值达到 169.9 亿元（甘州区 76.8 亿元，占全市 45.2%），一、二、三次产业结构为 29：38：33（甘州区为 25：35.4：39.6），属典型的农业经济区。

（2）产业发展

张掖市是传统的农业区域，盛产小麦、玉米、水稻、蔬菜等 80 多种农产品和名贵中药材，农业整体发展水平处于全国一熟制地区先进行列，基本形成了区位优势显著、市场优势突出、竞争优势强劲、发展潜力巨大的制种、草畜、果蔬、轻工原料四大支柱产业。

制种产业：大力调整种植结构，压缩水稻、带田等高耗水农作物，加快发展种子产业，发展玉米、油料、蔬菜、花卉为主的农作物制种 100 万亩，成为西北较大的农作物制种基地。尤其是玉米制种产量占到全省的 57%、占全国的 25%，成为中国杂交玉米制种首选之地。

果蔬产业：全市已建成以临泽小枣、葡萄、苹果梨和优质杂果为主的经济林基地 54.8 万亩，其中红枣 14.9 万亩，梨 16.4 万亩，苹果 11.4 万亩，葡萄 3 万亩，杏 3.8 万亩，桃 0.4 万亩，李子 0.2 万亩，其他 4.7 万亩。结合退耕还林实施，建立沙棘基地 50 多万亩。林果业由农户分散经营向规模化、基地化、名优特方向发展，果品产量、产值逐年增加，经济效益显现。以发展高标准日光温室为突破口，建设 20 万亩无公害优质蔬菜、10 万亩高效日光温室、10 万亩蕃茄为主的精细蔬菜基地。注重果蔬的深度开发，开拓区外市场，现已成为西北地区较大的果蔬生产基地。

草畜产业：全市种草面积 50 万亩，其中优质牧草面积 10.4 万亩。年末大牲畜存栏 57.71 万头，增长 6.8%；猪、牛、羊、家禽出栏分别为 67.1 万头、15.1 万头、113.67 万只和 473.46 万只，分别增长 7.5%、27.5%、10.2% 和 7%。全年肉、蛋、奶产量分别达到 8 666.2 万 kg、1 206.9 万 kg 和

3 708.6万 kg，分别比上年增长 11.2%、8.3% 和 21%。畜牧业产值 21.6 亿元，同比增长 12.8%，占农业总产值的 27.7%，畜牧业人均纯收入达 849 元，同比增加 130 元。全市累计建成养殖小区 192 个，新增 66 个。全市畜牧业增加值达到 12.3 亿元，同比增长 18.97%。

轻工原料产业："十一五"期间，全市发展 100 万亩"双低"油菜、5 万亩啤酒花、20 万亩优质中药材、60 万亩脱毒马铃薯、20 万亩酿酒葡萄、30 万亩啤酒大麦、30 万亩三倍体毛白杨为主的速生丰产用材林基地，并依托龙头企业，狠抓深度系列开发，培育出新兴的支柱产业。

4.2.1.4 科技支撑条件

张掖具有良好的农业生产自然条件，具有我国北方农业生产的典型特征，其经济社会发展水平和现有产业基础及技术依托有利于新技术的研究与成果转化，处于北方中心地带的地理位置和便利的交通通信网络，有利于新技术的辐射传播，具备建设国家级现代农业技术示范园区的基本条件。

4.2.1.5 生态环境支持条件

截至 2013 年底，张掖市有自然保护区 2 个，总面积 218.02 万公顷，占张掖市国土面积的 51.9%。空气可吸入颗粒物年日均值 0.088mg/m3，二氧化硫年日均值 0.024mg/m^3，二氧化氮年日均值 0.020mg/m^3，空气质量优良（Ⅰ-Ⅱ级）率为 94.5%，区域环境噪声平均值 53.8dB，交通干线噪声平均值 67.7dB，地面水质达标率 100%，饮用水源水质达标率 100%。全市完成造林面积 6.57 万亩，种草面积 50 万亩，其中优质牧草面积 10.4 万亩。当年封山（滩）育林 4.4 万亩，"三北"四期防护林建设人工造林 2.8 万亩，森林覆盖率达 10.71%，沙荒化治理率达到 2%，城市（镇）绿化覆盖率达到 20%，草原保护和建设、土地开发保护利用更加协调，生态环境恶化趋势初步得到控制。

结合黑河流域综合治理完成退耕还林还草 30 万亩，重点是祁连山沿山区低产田、黑河沿岸沙化、盐渍化耕地、绿洲中部低产田。黑河流域生态环境治理工程以防止沙漠化和水土流失、实现生态综合治理为目标，以源头治理、库区绿化、河岸绿化、干支渠绿化为重点，实施灌木林保护、植被恢复、人工影响天气、调水、节水、保土、生态农业、生物多样性保护、生态创新等工程。

4.2.2 我国西北地区重要的农产品生产基地

张掖地处巴丹吉林沙漠和腾格里沙漠边缘，南依祁连山与青海比邻，北靠合黎山与内蒙古接壤，区内年降水量为 127.5mm，年均蒸发量为 2 047.9 mm。1949—1963 年，张掖市有效灌溉面积稳定在 160 万～180 万亩，1990—1994 年张掖市有效灌溉面积发展到 201 万～206 万亩，引水量 17.3 亿～19.5 亿 m^3，2003 年，有效灌溉面积 334.33 万亩，其中农田灌溉面积 289.38 万亩，林草灌溉面积 44.95 万亩。黑河中游的张掖市共有人口 124.82 万人，占总流域的 86.4%，人均水资源占有量 1 250m^3，比全国人均水资源占有量少很多，粮食产量 75.23 万 t，人均占有粮食 603kg，农业总产值 42.70 亿元，工业总产值 41.91 亿元。张掖市是甘肃省主要产粮区，提供的商品粮占全省的 35%，是全国五大蔬菜基地之一。

4.2.3 农业用水、生态水缺乏、自然生态脆弱

西北内陆干旱区的河西走廊——张掖市生态环境十分脆弱，受人类干扰强烈。生态环境的退化与人类活动干扰具有密切的相关关系，农业的超量用水导致周边地区及局部地区植被退化和土地沙化，使下游的来水量明显减少、地下水位连续下降、大片树木死亡、荒漠化面积在扩大、引起的沙尘暴侵袭次数在不断增加，生态环境严重恶化。

流域水资源总量为 28.24 亿 m^3，其中地表水资源为 24.76 亿 m^3，山前侧部资源量为 2.65 亿 m^3，降雨补给量为 0.83 亿 m^3；流域总需水量为 25.91 亿 m^3。

黑河流域多年平均供水量为 20.25 亿 m^3，其中地表水供水量为 15.02 亿 m^3，地下水供水量 5.26 亿 m^3，多年平均缺水量 5.66 亿 m^3，缺水率为 21.8%。中游地区多年平均供水量 17.66 亿 m^3，其中地表水供水量为 13.22 亿 m^3，地下水供水量为 4.45 亿 m^3，缺水量为 5.66 亿 m^3，缺水领域主要为中游农田和人工生态水。张掖市是黑河流域水资源的主要利用区，2003 年经济各部门用水量 24.5 亿 m^3，其中农业用水 21.48 亿 m^3，工业用水 0.68 亿 m^3，生活用水 0.52 亿 m^3，生态用水 1.8 亿 m^3。

区域内人均水资源量只有 1 250m^3，亩均水量 511m^3，分别为全国平均的 57% 和 29%。

4.3 影响农户农业节水行为的因素分析

选择甘肃省张掖市甘州区大满乡、碱滩乡、党寨镇调查 201 户农民，对农户是否愿意节水进行调研，更能反映政府制定节水激励机制的紧迫性，在

部分问题上采用意愿调查法得到的结果。

4.3.1　模型的选择

采用 Logistic 模型对影响农户节水行为的因素进行研究。Logistic 模型的估计方程为具有特征 Xi 的农户面临节水与不节水的选择的概率，即对节水行为选择的概率是：

$$Ln \frac{P_i}{1 - P_i} = B_0 + \sum_{i=1}^{n} B_i X_i$$

P_i 为农户节水行为的概率（采用=1，不采用=0），X_i 表示第 i 个影响因素，B_i 表示第 i 个影响因素的回归系数，B_0 表示回归方程的常数。

4.3.2　变量选择及说明

变量的选择及说明见表 4-1。

表 4-1　变量的选择与说明

反映农户特征变量	30 年以下、30~45 岁、45 岁以上分别用 0、1、2 表示
反映农户特征变量	不识字、小学、初中、高中、大专分别用 0、1、2、3、4 表示
反映农户经济状况	以农户家庭年均总收入表示
反映农户兼业程度的变量	农户种植业收入占家庭收入的比例（%）
反映农户农业经营规模的变量	农户总耕地面积表示
反映耕地细碎化程度变量	农户每块耕地的大小
反映农户种植习惯的变量	种植粮食作物、种植经济作物、两者兼有用 0、1、2 表示
反映农户灌溉成本的变量	用人民币元表示
反映农户灌溉用水水平的变量	用立方米/亩表示
反映农户节水水平的变量大水漫灌、小畦灌、喷灌、低压灌管	分别用 0、1、2、3 表示
反映农户对当地水资源的认识水平	水资源亏缺、水资源充足分别用 0、1 表示
反映农户对节水的意识的变量	没听说过用 0 表示、听说过用 1 表示
反映农户对结构调整的意见	不同意改种、同意改种分别用 0、1 表示
反映政府对节水技术采用补贴的变量	农户投资、政府投资、农户投资政府补贴、政府投资农户投入义务工用 0、1、2、3 表示
反映农户信息渠道、信息水平的变量	亲戚朋友、村里其他人、技术员、专家培训用 0、1、2、3 表示
反映当地节水组织机构的吸引力的变量	不同意、同意分别用 0、1 表示

4.3.3 数据来源

在张掖市甘州区大满乡、碱滩乡、党寨镇调查201户农民，数据以调查问卷的形式通过实地调查而得来，部分是给被调查农户直接填写，部分是通过调查人询问农户，由调查人填写完成。模型回归分析结果见表4-2。

表4-2　模型回归分析结果

v	B	S. E.	Wald	Sig.	Exp（B）
X1	-0.011	0.020	0.306	0.580	0.989
X2	0.000	0.000	0.993	0.319	1.000
X3	0.890	0.398	5.14	0.045	2.452
X4	0.012	0.037	0.104	0.747	1.012
X5	0.932	0.431	5.43	0.047	2.323
X6	-0.260	0.240	1.168	0.280	0.771
X7	0.000	0.000	0.036	0.850	1.000
X8	0.853	0.489	5.012	0.053	2.146
X9	0.869	0.332	4.75	0.050	2.132
X10	0.842	0.389	4.700	0.030	2.322
X11	0.143	0.483	0.088	0.767	1.154
X12	0.812	0.374	4.722	0.030	2.253
X13	0.851	0.267	4.734	0.032	2.163
X14	0.399	0.215	3.464	0.063	1.491
X15	0.113	0.412	0.075	0.784	1.120
Constant	-1.500	1.468	1.044	0.307	0.223

4.3.4 结果分析

模型的结果表明，农户种植业收入占家庭收入的比例、每块耕地面积、田间灌溉技术选择、农户对水资源的认识、高耗水作物改低耗水作物的认识、农户采用灌溉技术的资金来源在所有影响农户选择的因素中具有最显著的影响，具体分析结果如下。

（1）农户种植业收入占家庭收入的比例是影响农户节水行为的重要因素之一

从模型结果看，农户种植业收入占家庭收入的比例变量的系数均在5%

统计检验水平显著，而且系数符号为正。这说明，在其他条件不变的情况下，家庭收入依赖种植业越高的农户参与农业节水行为的可能性越高。在张掖地区，农民越来越意识到农业与水的关系，没有水就没有农业生产，就没有收入。这一结果与实际是相符的。

（2）每块耕地面积的大小对农民节水行为也有显著影响

在其他条件不变的条件下，单块土地面积越大的农户，越好实施节水技术，节水行为的可能性越大。

（3）农户对水资源的认识水平与农户节水行为呈正相关

农户对水资源的认识越高，农户越有节水的可能。

（4）田间灌溉技术

选择为大水漫灌、小畦灌、喷灌、低压灌管，节水技术越先进，农户越容易节水，农户节水行为与田间节水技术呈正相关关系。

（5）农户采用灌溉技术的资金来源与农户节水行为呈正相关

在农户投资节水、农户投资政府补贴、政府投资农户投入义务工的选择中，农户多选择政府投资农户投入义务工的行为，说明农户在投资节水中多依靠政府。

（6）高耗水作物改低耗水作物的认识与农户节水行为呈正相关

张掖市农业结构调整，主要将传统的高耗水粮食作物改为低耗水经济作物、饲料作物，农民在结构调整中经济收入增加了，农民是愿意调整的。

4.4 张掖市农业节水经验实践

张掖市作为国家第一个节水型社会的试验区，按照先行先试的原则，以水利部的要求，明确了水权，建立了宏观和微观两套指标体系，采用行政、经济、工程、科技四项措施，实行强制节水，改革用水机制和水价制度，促进节约用水。

4.4.1 张掖市农业节水的做法

张掖市在省际分水方案的框架下，研究编制了张掖市各县区水资源配置方案，实施了水量的合理分解、调配和控制。制定了各产业节水规划、用水定额，水价管理办法，节约用水管理办法，农业用水交易指导意见。在各灌区各乡镇实施层层分解，确定了用水指标。首先，确定各灌区用水指标。各县区根据确定的用水总量指标，编制水资源配置方案，确定各灌区用水指标。其次，确定各乡镇用水指标，各村用水指标。分配到村一级的总量指标，是集体水权，在用水者协会的参与下，由县级水行政主管部门负责分配。以用水户持有的土地使用证为依据，农户申报灌水面积，水管单位实地核查，逐户造表建册，确定用水户水权，发放水权证。

部分灌区将田间工程移交给用水者协会管理，推行参与式灌溉管理，水利工程得到了保护。为了灌溉方便，农户将分散的土地自觉调整到同一渠系，连片耕作种植，减少了倒沟换坝，重复返沟，提高了水的利用率。

4.4.2 张掖市农业节水制度创新

（1）形成总量控制、配水到户

建立和完善用水总量控制的运行机制，实现水量的逐级合理分解、调配合理控制。

（2）设计出可以流动的水票

水票作为水权、水量、水价的综合载体，方便水量交易和促进水量流转，促进了水市场的发育。

4.4.3 张掖市农业节水管理办法

张掖市制定出节约用水的管理办法。在奖励与处罚方面，对在节约用水工作中做出显著成绩的单位和个人给予表彰奖励；用水户在水市场未交易完的水量，由水行政主管部门以120%的价格收购。水价管理办法：定额水量之内的实行计量水价，超定额用水实行累进加价；农业用水交易指导意见，包括适当比例的农业用水向非农业用水转移。水的交易在满足限定条件下可以在县与县之间、灌区之间、村与村之间、农户之间根据意见划定的交易量按规定进行交易，区域水的交易必须以物价部门核定的水价为基础，农业灌溉用水交易价不得超过正常水价标准的3倍。水的交易通过水票流转完成。

在调查中，笔者对20位农户农业节水问题作了2个相关问题的补充调查。

问题1：张掖市采用的节水量交易奖励办法，你们是否愿意交易？

在被调查的20位农户中，有18位回答不愿意交易，划不来卖掉，有水浇到地里比卖掉好。

问题2：采取节水补偿（高补助），谁节水让谁受益，你们愿意节水吗？

20位农户一起问，节水如何能受益，能受益多少，受益多了就节水，要算账。这2个问题，说明农民节水行为与利益高度相关，设计一种节水与农户增效相吻合的激励机制，农民就有节水的可能性。

4.5　张掖市农业节水行为分析

4.5.1　以"行政式"管理节水为主，经济行为不足

我国自然资源以往长期实行计划配置，采用行政管制分配水权，在制度以及行政机构上无须太多转型，因此这种制度变迁的成本最小，在制度安排上易于执行，有利于国家宏观目标和整体发展规划的实现。单靠行政管制模式缺乏激励，农民节水成为被动行为，不利于长期的使用。

张掖市出台的节约用水管理办法，设计出可以流动的水票是一种创新，水票成为水权、水量、水价的综合载体，方便了水量交易和促进水量的流转，可以促进水市场的发育，但不难看出"水票"留有计划经济时代"粮票和布票"的痕迹，用水户在水市场未交易完的水量，由水行政主管部门以120%的价格收购。不难看出，行政式的管理成分过重，农户不愿意节水交易。

4.5.2　激励制度不完善，不能起到全面节水的效果

通过市场交易机制，可促使水权人考虑水资源使用的机会成本，产生自主节水的诱因，降低节水管制的监督成本，这点对减少我国当前较为严重的农业用水浪费现象尤为突出。水权的转让能够激励节水。但是，我国农业水权制度不完善和水价制度的扭曲，使得农户节水的外部效益难以充分体现，对节水者缺乏公平，使得农户节水和改善用水效率的动力不足，有碍于农业节水的健康发展。

张掖市农业用水交易指导意见，农业灌溉用水交易价不得超过正常水价标准的3倍。对节水交易价格有了明确的规定，该地区现有水价为0.068元/m^3，3倍的水价交易所得为0.2元/m^3，按照每亩节水50m^3，得到10元的节水交易所得，不足一位农民外出打工的半天收入（一天工资约为50元），然而，每户每亩节约50m^{3}水的投入和因节水可能带来的减产风险是多少，显然，农民选择不节水不交易，该激励制度不能很好地起到节水作用；农民在农业结构调整中，将高耗水作物改为低耗水作物可能造成的经济损失和节水外部效应没有提出补偿办法，造成制度的缺失。

4.5.3 缺乏科学的核算方法体系

在当前市场经济环境下，调节农户用水行为最直接的方法莫过于经济利益驱使，只要设计出可行、合理的节水激励机制并能监督其有效实施，节水就能成为用水者的自觉行为。张掖市规定的农业灌溉用水交易价不得超过正常水价标准的 3 倍。3 倍的交易标准是依据什么标准制定的，是否能起到节水激励作用，还有待建立一个公正的、系统的核算体系。

4.6 节水生态补偿机制的设计

生态补偿机制的建立必须通过一定的政策手段实行生态保护外部性的内部化，让生态保护成果的"受益者"支付相应的费用；通过制度设计解决好生态产品这一特殊公共产品消费中的"搭便车"现象，激励公共产品的足额提供；通过制度创新解决好生态投资者的合理回报，激励人们从事生态保护投资并使生态资本增值。而我国目前在生态环境保护方面存在问题的主要根源就是缺乏相应的公平、合理的法律制度。因此，"生态补偿机制应建立在法制化的基础上，通过加强生态保护立法，为建立生态补偿机制提供法律依据，这是建立和完善生态补偿机制的根本保证"。

4.6.1 建立节水生态补偿原则

4.6.1.1 "谁用水谁付费"的原则

这是使用水资源的主体应采取的一个重要原则。通过收取水费，把水资源的所有外部性成本内部化，以达到水资源使用的个人成本等于社会成本，减少个人因多使用水带来的超额收益的目的。农户就会认识到使用水需要付出，任何对环境资源的消耗都需要付出相应的费用，环境产品的价格并不低于其他市场产品。面对西北水资源紧缺的现实，可采用季节性水价、阶梯式水价，水价要反映价值，低于成本的水价起不到节水的目的。目前，水价低于水的成本，不能反映水的真实价值，农民用的是"福利"水，看是在减轻农民负担，而更沉重的"生态负担"离我们不远了。

4.6.1.2 "谁节水谁收益"的原则

这是农业节水补偿最重要的一条原则。节水是生态保护的一项重要内容，是一项具有很强外部经济效应的活动，如果对节水不给予必要的补偿，就会导致普遍的"搭便车"行为，对节水的农户提供相应的补偿，使节水不再停留于政府的强制性行为和社会的公益性行为，而是节水投资与节水效益对等的经济行为，使节水投入转变为经济效益，激励当地农户更好地节约用水，保护生态，从而达到节水就是增收，节水等于增产。

4.6.1.3 "谁受益谁补偿"的原则

从法理学的角度来看，权利与义务存在着相互对应、相互依存、相互转化的辩证统一关系。法律关系中同一人既是权利主体又是义务主体，即权利人在一定条件下要承担义务，义务人在一定条件下享受权利。这就要求在生态环境建设和保护过程中，收益大于付出的地区应作出补偿，而付出大于收益的地区应得到补偿。这样才能纠正在生态保护和利用过程中的付出与收益的平衡。只有确立"谁受益谁补偿"的原则，才能建立起"有偿使用、全民受益、政府统筹、社会投入"的生态补偿机制，从而有利于从根本上改变生态效益"多数人受益、少数人负担"的状况。节水是中央政府、当地政府为保护生态而制定的行动措施，生态保护的受益主体不好确定，政府应当成为补偿的重要的主体之一。鉴于地方政府在保护环境中的作用和当地经济因保护环境而受到影响，中央政府应成为补偿的主体。当前，中央政府购买地方生态保护成果是可行的。

4.6.2 西北农业节水生态补偿机制应确定的主体、对象

建立西部区域农业节水生态补偿机制的主体应包括中央政府、地方政府和社会。中央政府补偿是指国家为了平衡外部性经济制造者和受益者的利益关系，对外部性经济制造者的损失所给予的一种补偿。主要有对西北生态建设给予的财政拨款和补贴、政策优惠、技术输入、劳动力职业培训、提供教育和就业等多种方式。其中，中央政府给予的财政拨款补贴是最为直接和典型的生态补偿方式，为生态保护和建设提供稳定的资金来源。自我补偿是地方政府采取各种灵活的财政政策，对直接从事生态建设的个人和组织机构进行补贴，激励生态环境保护和建设。社会补偿又称受益者补偿，包括两种形态：一是自然资源的开发利用者对资源生态恢复和保护者的补偿，如采煤、水利开发等，开发利用受益者应给予当地生态利益牺牲者以物质补偿。二是下游地区对上游地区的利益相关者的生态补偿。上游地区不仅对生态保护进行了资金投入，而且限制了自身若干产业的发展，从中受益的下游地区应对上游地区进行生态补偿。

西北地区自身将是生态建设最大的受益者，但是由于西北地区生态功能的特殊性，生态功能远远超出了本地区，对区域外的生态安全高度相关，在

国家的经济、社会、生态、军事等方面有着不可替代的特殊价值（生态系统具有较大的外部性），再加上西北地区的经济相对落后，自身进行生态建设的能力十分有限。可行的生态补偿政策应以中央政府和社会补偿为主，自身补偿作为补充是比较切合实际的。西北地区农业节水生态补偿的对象可以划分为对水资源保护做出贡献的组织机构给予补偿、对在农业生产中节水的农民给予补偿、对在区域农业结构调整中减少高耗水作物改为低耗水作物的损失者给予补偿。给受害者以适当的补偿是符合一般的经济原则和伦理原则的。

4.6.3　西北农业节水生态补偿采取的主要方式

补偿方式是补偿活动的具体形式。补偿形式多种多样，灵活多变，不存在定式，有些活动在形式上与补偿无关，但内容和实质与补偿活动紧密相关。随着生态建设广泛深入开展，市场体系逐步健全，市场发育日趋成熟，新的补偿形式将层出不穷，呈现出多样化态势。西北农业节水生态补偿的方式可以是资金补偿，也可以是实物补偿、智力补偿、技术补偿、政策补偿等。

资金补偿是西北最急需的补偿方式。西北农业节水的主体是农民，只有在他们的生活得到保障的前提下，才会有可持续节水的积极性，农业节水的成果才能得到巩固。

实物补偿是指补偿者运用物质、劳力和土地等进行补偿，解决受补偿者部分的生产要素和生活要素，改善受补偿者的生活状况，增强生产能力。在我国退耕还林还草的生态补偿政策中就用了粮食补偿的方式。

智力和技术补偿是指通过对受补偿者进行智力培训、技术提高的有效补偿形式。西北地区农业节水需要一批掌握节水技术和管理的劳动者，在农业结构调整中需要农民对生态农业、特色农业、节水农业的了解和掌握。这种补偿是帮助农民"自我造血"式的补偿，对农民的长期发展有着积极的作用。

4.6.4　西北农业节水生态补偿采取的标准

生态补偿的标准是实现生态补偿的重要依据。生态补偿标准的确定，主要是依据节水者的投入、生态受益者的获利、生态破坏的恢复成本以及生态系统服务的价值。根据原则，补偿标准的下限应为节水者的投入及节水量成本；补偿标准的上限应为生态系统服务功能的价值。

由于目前生态影响的定量评估技术尚未充分开发、建立和普及，造成补偿数额及生态保护与生态服务的利益价值难以判断，很难确定补偿的具体数额，以致补偿标准的确立成为生态补偿机制中的一大难点。从许多国家关于补偿数额的规定来看，大都采用"公正""相当""适当"等字眼。因此，补偿标准应与公正原则保持一致，将收益与付出作为切入点。

对于农业节水补偿标准的确立应综合考虑以下因素：一是农户实施种植劳动与节水劳动常常混为一体，节水行为成本纳入种植管理成本，不再计入补偿范畴；二是以节水者行为产生的节水量的价值体现与节水者行为产生的生态效益所应补偿的数额作为农业节水补偿标准。

4.7 西北农业节水生态补偿核算

笔者试图用农业节水与森林的生态环境效益之间的关系来测算生态效益所应补偿的数额。

4.7.1 确定森林的生态价值

为了解决农业节水生态效益补偿的定量评估问题，即估算节约的水量用于生态环境建设将产生的生态环境效益。确定 1 公顷生长的林木需水定额，根据节约的水量能够用于多少面积的林木生长所用，根据林木品种确定最佳采伐时间期，测算生长的林木的采伐量（木材生产率），森林资源使用价值是由其提供的木材价值决定的，实用价值 A 可由下式计算：

$$A = C \cdot L \cdot P \qquad (1)$$

式中：C 为林木面积（hm^2）；L 为林木生产率 $[m^3/(hm^2 \cdot a)]$；P 为林木价格（元/m^3）。

如果某个地区种植了 n 种林木品种，则该地区的实用价值计算公式为：

$$A = \sum_{i=1}^{n} A_i / n$$

式中：A 为某个地区平均森林实用价值；n 为林木种类。

通常根据森林的使用价值和生态价值进行相互之间的关系转换：

$$B = A \cdot h, \quad h = B/A \qquad (2)$$

式中：B 为森林的生态价值；A 为森林的使用价值；h 为转换系数。

我国许多学者进行了测算，从测算的结果得知，h 值处于 10~20 之间。K 值取多少，各国说法不一，日本估算的较高，发展中国家估算的较低，我国有关林业经济专家估算的一般为7；得到了森林的生态价值 B 值，从生产实际中可以得出森林实用价值的形成所需的水量，从而得到森林生态价值所需的水量。森林价值的形成与所需水量存在线性关系。

所节约的水量用于林木生产形成的生态效益所应补偿的数额 v。

$$v = B/Q \cdot (Gd - Gs), (K = B/Q) \tag{3}$$

4.7.2 农民灌溉节水应得到生态补偿的测算

田间节水补偿，农业节水补偿标准可以以农民种植作物的灌溉定额为准，农民在作物生长期内灌溉的水量少于该地区的灌溉定额，应该给予补偿，补偿的标准等于灌溉定额减去实际灌溉量的水价，再加上节约下的水量用于生态环境产生的生态效益所应补偿的数额。

节水补偿的标准（$W1$）等于灌溉定额（Gd）减去实际灌溉量（Gs）乘以水价（Ps）加生态效益所应补偿的数额 v，既是生态补偿标准

$$W1 = (Gd - Gs)Ps + (Gd - Gs)K \tag{4}$$

4.7.3 农民在农业结构调整中所节约的水应得到生态补偿的测算

在农业结构调整中农民改高耗水作物为低耗水作物，如果低耗水作物的收入低于高耗水作物的收入，应该给予补偿，补偿的标准是高耗水作物的市场价格乘以产量减去低耗水作物的市场价格乘以产量的所得，再加上节水将产生的生态效益所应补偿的数额；如果低耗水作物的收入高于高耗水作物的收入，给予的补偿就是节水将产生的生态效益所应补偿的数额。

节水补偿的标准（$W2$）等于高耗水作物的市场价格（Pg）乘以产量（Cg）减去低耗水作物的市场价格（Pd）乘以产量（Cd）的所得加上生态效益所应补偿的数额 v。

$$W21 = (Pg \cdot Cg - Pd \cdot Cd) + (Gg - Gd)K(Pg \cdot Cg > Pd \cdot Cd) \tag{5}$$

$$W22 = (Gg - Gd)K(Pg \cdot Cg < Pd \cdot Cd) \tag{6}$$

4.7.4 实际测算步骤

现以张掖市为例，测算农民灌溉节水应得到生态补偿效益所应补偿的数额。

设定林木面积 c 为 1hm^2，张掖地区杨树为主栽树种，林木生产率为林木生物产量与出材率的乘积。林木生物产量为 3m^3/a，出材率在 0.6~0.8，取值 0.7，速生杨林木价格定为 600 元/m^3。森林的使用价值 A 为 1 260元 a，

$h=7$。

森林的生态价值 $B=8\,820$ 元 a。

张掖市林业部门提供，1公顷杨树需水量 $6\,000m^3$，K 值 $=1.47$。

《全国节水型城市建设试点情况调研报告》中提到2002年张掖市农作物综合灌溉定额为 $382m^3/mu$，计划节水量为灌溉定额的 $5\%\sim10\%$，当地农业水价为 0.068 元 $/m^3$。

4.7.4.1 农民灌溉节水补偿计算

按节水 5%，K 值取 1.47 计算，补偿标准 $W1=(Gd-Gs)Ps+(Gd-Gs)K=19.1\times0.068+19.1\times1.47=1.3+28.1=29.4$ 元 $/mu$。

按节水 10%，补偿标准 $W1=(Gd-Gs)Ps+(Gd-Gs)K=38.2\times0.068+38.2\times1.47=58.8$ 元。

4.7.4.2 农业结构调整节水补偿计算

张掖市改玉米种植为棉花种植，玉米平均产量为 $546kg/mu$，每公斤市场价格为 1.48 元 $/kg$；棉花平均产量为 $46kg/mu$，每公斤市场价格为 13 元 $/kg$。玉米种植耗水量为 $600m^3/mu$，棉花种植耗水量为 $500m^3/mu$。改种后可节水 $100\ m^3/mu$。

4.7.4.3 补偿标准

$W21=(Pg\cdot Cg-Pd\cdot Cd)+(Gg-Gd)K=(808-598)+(600-500)\times1.47=357$ 元/亩。

张掖市改玉米种植为苜蓿种植，玉米平均产量为 $546kg/mu$，每公斤市场价格为 1.48 元 $/kg$；苜蓿平均产量为 $920kg/mu$，每公斤市场价格为 1 元 $/kg$。改种苜蓿后，每亩增收为 $920-808=112$ 元，苜蓿耗水量为 $500m^3/mu$，改种后可节水 $100m^3/mu$。

补偿标准：$W22=(Gg-Gd)K=(600-500)\times1.47=147$ 元/亩。

4.7.5 农业节水补偿情景分析

张掖市是黑河流域水资源的主要利用区，2003年经济各部门用水量为 24.5 亿 m^3。其中，农业用水为 21.48 亿 m^3，占到 87.7%，农业、工业、生活、生态用水比例为 87.7、2.8、2.2、7.4。黑河流域人工生态需水量为 5.47 亿 m^3，张掖市生态用水量为 1.8 亿 m^3。

国家投资40多亿元，建设黑河流域节水工程，干、支、斗三级渠系水利用率由2000年的 59% 提高到 2003 年 64%，总体渠系水利用率由2000年 0.557 提高到2003年 0.607，渠口减少引水量 5.36 亿 m^3，净节水量 2.63

亿 m³。

全市农业用水为 21.48 亿 m³，如果采取田间灌溉节水，张掖市按照 5% 的节水量，可节水 1.1 亿 m³。按照 10% 的节水量，可节水 2.2 亿 m³。推广 200 万亩，补偿的费用为 1.18 亿元。采用田间节水技术，节约 1m³ 的用水，生态补偿费为 0.65 元/m³。如果采取实施农业结构调整节水，大田玉米改种为棉花，每亩节水 100m³。全市按照 50 万亩的调整计划，可以节水 0.5 亿 m³；玉米改种为苜蓿，每亩节水 100m³。全市按照 50 万亩的调整计划，可以节水 0.5 亿 m³。改种棉花 50 万亩，可以节水 0.5 亿 m³，补偿的费用为 1.78 亿元；改种苜蓿 50 万亩，可以节水 0.5 亿 m³，补偿的费用为 0.735 亿元。实施农业结构调整节水，大田玉米改种为棉花，节约 1m³ 的用水补偿费为 3.57 元/m³。玉米改种为苜蓿，节约 1m³ 的用水补偿费为 1.47 元/m³。像全国财政支农支出一样，沿海省份耕地亩均支农支出超过 100 元，甘肃是 70 元。为了保护和调动农民种粮积极性，建立补贴机制，2008 年粮食生产"四补贴"，每亩补贴 65 元。在严重缺水的张掖等干旱缺水地区，水是比土地更宝贵的资源，没有水，土地是长不出粮食的，为了保护生态环境，开展节水生态补偿是必要的可行的。

4.8 农业节水生态补偿的途径

西北区域生态补偿机制就是将中央政府、社会组织和西北地区自身的生态补偿建设稳固化、制度化，使生态建设资金有一个确定的长期的来源。随着我国市场机制的不断完善和相应技术的进步，西北农业节水生态补偿利用经济激励手段和市场手段来促进生态效益的提高是可行的。以经济作物为主的农业竞争行业，可以尝试以市场补偿为主；以粮食油料作物为主的非竞争行业，可以尝试以财政补偿为主。

4.8.1 生态补偿基金

设立西北生态补偿基金是维持我国可持续发展的生态环境的必然选择。生态补偿基金的筹集除国家、地方财政投资和国际组织援助外，还应通过多种形式，建立由社会各界、受益各方参与的多元化、多层次、多渠道的生态环境补偿基金投融资体系。将农业节约的水转移到工业使用，收取工业用水的费用，建立生态补偿基金。例如，张掖市工业用水为 2 元/m³，转移 1m³ 的农业水，扣除节水补偿费 0.65 元，所剩余，建立生态补偿基金是可取的。

4.8.2 生态补偿税

生态环境具有公共物品的属性，生态环境的整体优化有利于社会成员及其子孙后代的生存与发展。就像教育附加税一样，公民有向政府交纳生态补偿税的义务，企业缴纳的比例要高于自然人，政府利用生态补偿税，来补偿农业节水行为。

4.8.3 以企业为依托的生态补偿途径

建立以农业龙头企业参与农业节水行为的模式，企业与农民签订农产品收购合同，节水农产品的价格高于非节水农产品的价格 5% ~ 10%，激励农民节水，企业的节水效益反映在税收中抵扣，形成节水绿色农产品核算体系，形成节水绿色农产品的供应链，最终寓节水于农产品之中，让整个节水农产品产业链的节点都有节水补偿的价值，形成节水农业产业，使农业产业发展向资源消耗少、环境影响小、结构效益高的方向发展。

像生态补偿税、西北生态补偿基金制度等的建立，涉及整个国家的法律、财政以及资源管理制度的修订，是一个复杂的过程，也是一个漫长的过程。但是，我们一定要关注水资源和生态环境问题，像关注西北能源一样关注西北地区的水资源和生态环境。因此，建立适合西北农业节水的生态补偿机制，无论在理论研究还是实践操作上都亟须拓展和深化。

4.9 建立农业节水生态补偿制度的政策

建立生态补偿机制是一项非常复杂的系统工程，不能单靠政府补贴，要建立补偿制度，健全补偿途径，完善补偿网络，促使补偿主体多元化，补偿方式多样化。

4.9.1 修改《中华人民共和国节水法》，将农业节水激励列入其中

无论是《水利产业政策》还是《中华人民共和国水法》及其他的节水政策，都缺乏行之有效的对农业节水的激励性措施。对于沿用行政手段来调节上中游灌区农业用水以缓解下游断流危机问题是难以调动上中游地区节水的积极性的。引进生态补偿机制作为环境保护的环境经济政策，是符合经济规律的。国家生态环境补偿机制必须建立在法制化的基础上，通过引入法律手段，为农业节水补偿列入水法，而且各种不同的利益主体之间具体的补偿

标准也必须通过法律给予明确规定。以立法形式确立完善的、统一的生态补偿机制，是确保在公平、合理、高效的原则下，落实农业节水的最有效手段。目前我国的资源管理立法基本上都是按行业、分要素进行，导致不同资源法之间出现了冲突。为此，国家有必要制定专项法，对自然资源开发与管理、生态建设、资金投入与补偿的方针、政策、制度和措施进行统一的协调。

4.9.2 完善财政转移制度

财政政策是调控整个社会经济的重要手段，主要通过经济利益的诱导改变区域和社会的发展方式。财政转移支付指以各级政府之间所存在的财政能力差异为基础，以实现各地公共服务的均等化为主旨而实行的一种财政资金或财政平衡制度。在中国当前的财政体制中，财政转移制度的完善对建立节水生态补偿机制具有重要作用。

目前实施的生态补偿机制主要是政府埋单，从市场经济学的角度，政府应是生态补偿机制倡导者和推动者，是生态补偿机制的利益相关者之一，而不是承包者。生态补偿机制应该由环境保护利益相关者共同建立，应是在环境保护服务提供者和环境保护购买者之间建立的一种生态补偿机制。由于现阶段我国尚未构建起水权制度，各种市场化运作也没有相关的法律保障和广泛开展，因此，农业节水生态补偿仍然只能以政府主导为主。

政府主导的节水生态补偿需要财政转移制度的完善。财政转移支付是当前中国最主要的生态补偿途径。目前我国的转移支付制度中，并没有单列出生态补偿的范围，财政部目前正在对一般性转移支付制度进行完善，即把全国性的生态补偿纳入一般性转移支付范围，从而体现最基本的公共需要。地方政府也在尝试采取灵活的财政转移支付政策，激励生态环境保护和建设。

4.9.3 研究探索市场化生态补偿

生态补偿可以有效地解决自然资源物质补偿和价值补偿的双重关系，运用财政手段及其衍生的政策工具，消除市场在生态问题上存在的外部不经济现象，从而将可持续发展和环境保护变为一种具有内在商业价值的制度安排。因此，要充分发挥我国的体制优势，积极探索水权等环境权益的市场交易机制；充分发挥我国民间资金充裕的优势，拓宽利用外资的渠道，鼓励和引导社会资金投向农业节水、生态建设和资源高效综合利用产业，逐步建立政府引导、市场推进和社会参与的生态补偿机制。

农业节水的目的是高效配置水资源。首先要根据灌溉定额确定区域和水管单位的用水量，节余下的水资源可用于其他行业的发展，但要有相应的补偿。可采用有偿转让方式，用于生态等公益性事业，政府给予必要补偿。政府要出台政策，建立水资源市场，鼓励行业间水的转让，并应对节水工程的建设给予财政支持。按市场化配置，这是一个完整的、宏观和微观相结合的水资源市场；同时必须和政治手段相结合，建立协商制度和利益补偿机制来保障水市场的实施。在农业节水生态补偿中构建"准市场"具有积极意义。"准市场"不意味着完全意义上的市场，而是在政府宏观调控下的市场。在节水生态补偿制度的问题上，是不能单纯的依赖市场进行调节的。在我国现阶段，农业节水补偿制度尚未完全构建起来，完全放手于市场或一味地单靠政府，都将势必会出现各种矛盾或问题，从而会导致生态补偿制度成为了"空中楼阁"。

4.9.4 完善各类生态补偿金，加大国家在西北农业节水的投资力度

目前，国家财政专项补偿缓解了西部贫困地区的经济和生态状况，但是单一国家补偿和贫困地区的实际需要相去甚远，因此，应该建立国家财政补偿和区域、部门补偿相结合的机制。在未来的发展中，我国应明确划分生态受益区和生态系统保护的提供区，在区域之间建立全面的补偿机制，以使经济比较发达、自然资源利用多的东部地区给经济欠发达的西部地区提供一定的经济补偿。

能否得到持续的资金支持是生态补偿项目能否启动和维持下去的最终决定因素。目前我国单一的融资渠道使得生态补偿仅能在一些重大的生态项目或生态问题上展开，且不能充分体现"受益者付费"的原则。参考国际经验并结合中国实际，我国生态补偿的融资方式应该向国家、集体、非政府组织和个人共同参与的多元化投融资机制转变，拓宽生态环境保护与建设投入渠道。例如，可考虑根据地区经济发展水平及流域上下游位置，开征一种有差别的生态环境建设税；培育和发展生态资本市场；向资源的开发者和使用者收取一定比例的生态补偿费；加大财政的转移支付；设立生态建设专项基金；发行生态补偿基金彩票等。另外，加强对外合作交流，争取国际性金融机构优惠贷款和民间社团组织及个人捐款，进行生态环境建设。

5 宏观农业节水方式创新——地方农业节水激励机制

5.1 农业节水绿色 GDP 核算的提出

5.1.1 绿色 GDP 核算的产生背景

随着人们对生态环境重要性认识的逐渐加深，尤其是科学发展观理论的提出，使"关注自然生态成本"成为社会共识，"绿色 GDP"由此应运而生，并成为可持续发展的必然选择和必由之路。推行"绿色 GDP"制度对实现经济增长、社会进步和环境保护的"三赢"目标，具有广泛而深远的意义。

众所周知，国内生产总值（GDP）是国民经济核算中的一个总量指标，长期以来在衡量一国或一个地区经济发展水平中扮演着重要的角色。20 世纪后半期以来，随着世界经济的高速发展，自然资源消耗与环境污染的问题愈加严重，人们开始反思自身的生产和生活方式，认为牺牲自然资源与破坏环境为代价所换得的 GDP 的增长有悖于可持续发展理念，GDP 的增加并不意味着国民福利的增加。在这样的背景下，国际组织以及许多国家纷纷建立以本国国情为基础的绿色国民经济核算体系，作为评价可持续发展成果的重要手段以及制定环境政策的基础。

所谓绿色国民经济核算，即通常所说的绿色 GDP 核算，又称为环境与经济综合核算，包括资源核算和环境核算，旨在以原有国民经济核算体系（System of National Accounting，简称为 SNA）为基础，将资源环境因素纳入其中，通过核算描述资源环境与经济之间的关系，提供系统的核算数据，为可持续发展的分析、决策和评价提供依据。为进行资源环境与经济核算而确定的一套理论方法，就称为环境与经济综合核算体系（System of Environment and Economic Accounting，简称为 SEEA），又称为绿色国民经济核算体系。

5.1.2 绿色 GDP 对生态建设的意义

从现行 GDP 中扣除环境资源成本和对环境资源的保护服务费用即为"绿色 GDP",它是用以衡量各地区创造真实国民财富的总量核算指标。按可持续发展的概念,实际"绿色 GDP"核算可在 GDP 核算的基础上,通过相应的环境调整而得出:"绿色 GDP"= GDP - 当前自然资源耗减和环境退化损失估价。"绿色 GDP"能够体现经济增长与自然生态和谐统一的程度,有利于提高人们对生态环境的保护。"绿色 GDP"占 GDP 比重越高,表明国民经济增长对自然的负面效应越低,经济增长与自然保护和谐度越高。"绿色 GDP"由于能揭示经济增长过程中的资源环境成本,成为科学发展观指引下引导经济增长模式转变的一个极为重要的指标,对公正地评价社会经济增长进程,促进我国以生态建设为主的可持续发展战略目标的实现有重大的意义。

5.1.3 农业节水绿色 GDP 核算的必要性

5.1.3.1 为制定农业节水政策提供数据基础

农业节水作为可持续发展战略的重要内容,它的实施依赖于各个层面的决策以及在决策指导下的具体行动,而有效的决策必须以全面准确的数据信息做基础。其中特别需要在全球层面以及国家层面,对一段时期经济与水资源环境的关系作出总体宏观定量描述,以便对发展成果进行总体评价,从结构上认识水资源与经济的关系,评价水资源利用方式的合理性、与经济发展的协调性,以利于制定符合可持续发展的相应政策。为实现这一目标,必须在传统国民经济核算基础上,加入水资源环境因素进行环境经济综合核算,使传统的国民经济核算转变成绿色国民经济核算。

5.1.3.2 激励与约束农业节水中的政府行为

虽然农业节水的主体是农民,但政府行为客观上构成了调整或制约水资源与经济发展关系的最为有效的力量,即使是在市场经济条件下也是如此。我们知道,市场经济不仅不能解决所有的水资源危机问题,而且因为其对利益的过分追逐很可能加剧水资源危机发展的态势。例如,片面追求经济利益而过度抽取地下水资源和浪费水资源,从而导致干旱或地面沉降。市场经济体制能够创造效率,但由于价值规律和竞争的存在,又可能导致极端行为的产生,因此,必须强调政府在农业节水中的责任和重视政府行为的激励与约束。

有学者称，中国农业节水的根本出路在制度创新。第四章从节水的微观主体——农民的角度提出的一种创新制度，那么开展农业节水绿色 GDP 核算，用绿色 GDP 代替 GDP，以此作为制定政策、政绩考核的新的总量指标，对政府行为进行激励与约束，就是从政府角度，从节水宏观主体提出的一种制度创新，确立以"农业节水绿色 GDP"为基础的官员政绩考核体系。目的在于使政府意识到节约资源的必要性，真正将节水等资源管理政策、可持续发展战略落到实处。

5.2　农业节水绿色 GDP 核算体系构建

5.2.1　农业节水绿色 GDP 核算的概念

农业节水绿色 GDP 核算究其本质，属于宏观资源核算，是从社会的角度和可持续发展的高度，在传统国民经济核算基础上，对一定空间和时间内的农业水资源及其节约状况，在真实统计和合理评估的基础上，从实物和价值两方面进行核算，以便反映水资源与农业生产的协调发展状况，最终用核算结果对传统国民经济核算结果进行调整，计算出功能上类似于 GDP 的绿色 GDP。核算的主体是特定地区。需要说明的是，这里的一定时间是指为便于核算而人为规定的统计时期。农业节水绿色 GDP 核算通过两种手段来实现：一是实物量核算，二是价值量核算，价值量核算要建立在实物量核算基础上。

农业节水绿色 GDP 核算体系是关于农业水资源及其节水的实物量核算、价值量核算以及纳入国民经济核算体系的概念、方法、分类和基本准则等一整套理论方法。其宗旨在于用农业节水核算结果调整特定地区国内生产总值、国内净产出和资本积累等宏观经济指标，消除由于消耗资源而带来的特定地区国民经济的虚假增长，完善国民经济体系，为衡量特定地区可持续发展成果、实现可持续发展战略提供数据信息支持。

5.2.2　农业节水绿色 GDP 核算体系的框架

环境价值在经济生产和消费中的损耗主要有两种形式：第一是经济活动对自然资源的过度开发产生的资源耗竭损失和生态损失；第二是经济生产和消费过程排放的残余物质超过环境容量和环境承载力造成的环境质量降级的损失。环境价值损耗的两种形式构成了环境与经济综合核算，也就是绿色国民经济核算三方面的内容，即自然资源核算、生态环境核算和环境污染核算。我们知道，自然资源包括森林、土地、水、地下矿藏等，因此，农业节水绿色 GDP 核算属于自然资源核算，是环境与经济综合核算的一部分。在建立农业节水绿色 GDP 核算体系框架之前，首先分析中国的环境与经济综合核算体系，以期在已有研究成果的基础上建立农业节水绿色 GDP 核算体系，使得体系的建立更加完备和规范。

5.2.2.1 中国资源环境经济核算体系框架

我国以联合国 SEEA 作为方法论基础，在考虑与经济系统、资源、环境等有关的基本要素前提下，建立中国环境与经济综合核算体系（SEEA of China，简称为 CSEEA）。基于资源和环境对经济过程体现不同功能的考虑，CSEEA 即中国绿色国民经济核算体系框架由两部分内容构成，即中国资源环境经济核算体系和中国环境经济核算体系。前者侧重于对自然资源的实物量和价值量的核算，后者侧重于环境污染与生态破坏的实物量与价值量核算。因此，在这里着重介绍中国资源环境经济核算体系。

中国资源环境经济核算体系通常可分为三个层次：第一个层次是对每一类自然资源的实物和价值进行核算，即个量核算或分类核算，例如土地资源核算、地下矿产资源核算、水资源核算、森林资源核算等，以反映其在一定统计时段内的增减变化；第二个层次是对自然资源的价值进行综合核算，即总量核算，以反映自然资源总量的增减变化；第三个层次是将自然资源核算纳入国民经济核算体系，全面反映国民财富的变化。由图 5-1 可知，中国资源环境经济核算体系的主要内容由图中四个条形框中的内容构成。在核算体系中这四个部分内容由四组核算表来体现。

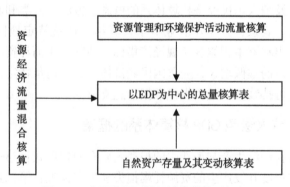

图 5-1 中国资源环境经济核算体系框架

5.2.2.2　农业节水绿色 GDP 核算体系框架

在中国资源环境经济核算体系中，以上不同的核算内容、分类、方法都比较粗略，缺乏全面、详细的说明和分析，操作性不是很强，在应用方面存在着一些缺陷。为此，必须建立不同类型、单独内容的资源环境核算体系，以满足编制各种核算账户的需要。据 2007 年全国水利发展公报数据显示，生产用水中的 71.3% 是用在农业生产中的，西北内陆河流域 90% 以上的水用于农业生产，因此对农业水资源的核算可以借用水资源核算的理论和方法。农业节水绿色 GDP 核算体系正是在 CSEEA 的基础上，采用了与 CSEEA 保持一致的框架结构、概念定义、分类标准、表式账户及核算方法，对农业水资源核算、农业节水核算等内容加以进一步延伸和细化，使农业节水绿色 GDP 核算更加科学合理，具有较强的可操作性，大大增强了分析和应用功能。农业节水绿色 GDP 核算体系框架如图 5-2 所示。

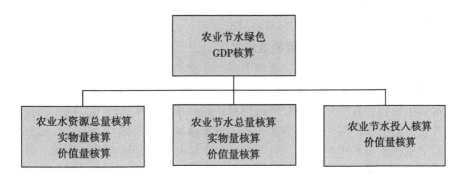

图 5-2　农业节水绿色 GDP 核算框架

5.2.3　农业节水绿色 GDP 核算的范围

从以上框架图不难看出，农业节水绿色 GDP 核算包括 4 个方面的内容：①农业水资源总量核算；②农业节水总量的核算；③农业节水投入核算；④经农业节水核算调整的绿色 GDP 核算。因此，农业节水绿色 GDP 核算的范围要从以下四个方面进行界定。

5.2.3.1　农业水资源总量核算的范围界定

农业水资源是指用于农业生产的水资源。对农作物而言，农业生产用水来源于降水、土壤中贮存的水以及人工灌溉的水量。按照水资源供给的水源类型分解，水资源包括地表水、地下水、土壤水、雨水收集以及海水利用。

如前所述，据《中国水资源公报》统计，2006 年西北地区总供水量 871 亿 m³，其中利用地表水 716 亿 m³，地下水 153 亿 m³，污水回收及雨水利用 2 亿 m³，分别占总供水量的 82.2%、17.6% 和 0.2%。因此，根据西北地区实际情况，研究主要开展地表水和地下水的核算研究，而对在西北水资源中所占份额较少甚至没有的土壤水、雨水收集、海水利用等不予考虑。

5.2.3.2 农业节水总量核算的范围界定

西北地区主要分渠系节水、田间节水。如前所述，这两种节水方式中又有多种具体的节水措施。不同的节水措施最终的节水效果是不一样的。但某一地区很难说就采用某一种节水措施，实际情况是各地区因地制宜地将多种节水措施综合使用，以达到最理想的节水效果。因此，节水的实物量核算就要采用加权的方式进行加总。在农业节水总量核算的价值量核算中，由于节水而产生的效益除了节约水资源本身带来的直接经济效益之外，还有如节省人工、电费经济效益、生态效益等"外部收益"，研究中仅对直接经济效益进行核算，而对"外部收益"不做讨论。

5.2.3.3 农业节水投入核算的范围界定

农业节水包括工程节水、管理节水、生物节水和农艺节水。其中工程节水、生物节水和农艺节水属于技术范畴的节水，而管理节水属于管理范畴的节水，主要包括管理政策、管理机构和体制、水价与水费政策、配水的控制与节水措施的推广等。农业节水投入的成本核算包括两部分内容，一部分是实施节水技术而产生的成本；另一部分是实施节水管理而产生的成本。报告主要对技术节水带来的成本进行核算，而对管理产生的成本不在讨论的范围之内。

5.2.3.4 经农业节水核算调整的绿色 GDP 核算的范围界定

农业节水是改善西北生态环境的基本战略措施，最终所要达到的效果不仅仅是获得经济上的直接收益，还有生态环境的改善而带来的间接收益，即获得生态效益。生态效益的核算属于绿色 GDP 核算中的生态环境核算，因此，在报告中不考虑由于农业节水而带来的生态效益对 GDP 的调整。只是对水资源进行核算，用农业节水的净收益对 GDP 进行调整，得出经农业节水核算调整的绿色 GDP。

5.3 农业水资源总量核算

如前所述，农业水资源的核算可以借用水资源核算的方法和理论。对水资源核算的研究在我国虽然时间不长，但已逐渐形成了一套比较规范的方法和体系。水资源核算主要包括四方面内容，即流量核算、资产存量核算、质量状况核算和水资源估价。对应四方面内容，水资源核算账户主要包括流量账户、资产账户、质量账户和水资源价值账户。前三个账户属于实物量核算的范围，而水资源估价账户属于价值核算的范围。以下对农业水资源核算的论述就围绕"两个核算范围、四方面内容、四种账户类型"展开。

5.3.1 农业水资源的实物量核算

5.3.1.1 农业水资源的流量核算

农业水资源的流量核算，主要是描述供水与用水之间的关系。在核算中主要运用实物量供给使用表、排放账户、消耗账户（简称供用耗排账户）来表现水资源的流动消耗状况。其中水的实物量供给使用和排放账户是描述经济体（如造纸、纺织、电力，也包括农业、林业等行业生产部门，还有用户等消费群体）中水的供用耗排关系的账户，主要以数据方式描述各类水源与经济体的关系，描述水资源不同经营实体（包括水经营业与水管理业，如自来水业、水管理业、污水处理业）与经济体之间的关系，描述水的供用耗排关系，为混合经济账户，核算水在经济生产中的价值作用、推算GDP和绿色GDP提供基础数据。

（1）供用耗排账户设计说明

供用耗排账户的作用是描述各类水源针对各个经济体所形成的供、用、耗、排关系。其中，供水方面分两种方式统计，一是按水源统计，即分为地表水、地下水等，该方式进一步延伸至工程类型，如水库、河道、湖泊等；二是按水源的经营实体性质进行统计，即自来水业、水管理业、污水处理业等。水管理业分为三种类型。第一种称为"水管理业1"，通过该业供出的水量经济体需要交纳水资源费和供水成本水费。第二种称为"水管理业2"，通过该业供出的水量经济体只交水资源费，不交供水成本水费，因为取水设施是经济体自己设置的。无论是水管理业1还是水管理业2，都是一个确实存在的群体，因为水费就是通过他们征收的。第三种称为"水管理业3"，通过该业供出的水量属于免费水，如小规模的农民自引自提河湖水和地下水等。水管理业3属于虚拟经营实体，其供水没有支出费用，其供出的水量等于总供水量减去收费水量。总供水量可以从《水资源公报》中获取。

（2）供用耗排账户的结构形式

供用耗排账户见表 5-1。账户表划分为 6 个象限，以下对每一个象限逐一进行说明。

第 I 象限主要描述不同类型的水源与经济体之间发生的供水、用水关系。其中设置了地表水、地下水、土壤水等项目，并在地表水中分设了河流、水库、湖泊等分项。账户中内容所需要的数据资料可由《水资源公报》获得。

第 II 象限主要描述水经营实体所经营水量的来源，如水管理业 1 所经营的供水量来源于水库多少、来源于地下水多少等。本象限的内容对经营实体与水源的关系描述十分详尽。本象限内有一列并且有三行不需要填写。不需要填写的一列为"污水处理业"；不需要填写的三行为"取非常规水"对应的三行。由于通过水管理业供出的水量经济体需要交纳水资源费和供水成本水费，因此，必然知道自己曾经营供出了多少水量，因此数据资料容易获得。

第 III 象限主要描述水经营实体与经济体之间的供给与使用的关系。本象限的合计行是水经营实体各业对某一经济体的总供水量，而下行的"取用新水"行，由总供水量扣除污水处理业供水量所得，并与第 I 象限的"取淡水工程"对应的总供水量是一致的，即一次性用水量。

第 IV 象限不需要填写。

第 V 象限全部需要填写，其物理概念是，针对某一经济体，如造纸业，在得到第 I 象限（或第 III 象限）供水以后，分别排入污水厂、排入河流、排入海洋、回归地表水、回归地下水以及消耗掉多少水量。

第 VI 象限只需要填写横向"排入污水厂"与纵向"污水业"交叉点处的一个数据，第 V 象限的这一横行与本象限的这个单元数据结合起来，描述的是各个经济体排入污水厂的水量或污水厂接收各个经济体的污水量及接收的总污水量。第 V、第 VI 象限的这一行，与整个第 III 象限结合，起到了"供给和使用矩阵表"的作用。

根据账户表的结构形式，得出各类数据存在着的逻辑关系式如下。

$$供给量 = 使用量$$
$$水源供水量 = 经营实体供水量$$
$$供给量（或使用量）- 排水量 = 消耗量$$

这里需要对耗水量给予说明，三个表的"消耗量"都是特指生产过程中蒸发蒸腾散发进入大气环境的水量和产品带走的水量。事实上，陆域的水资源提供给生产部门，经过使用后，如果排入海洋，该部分水就彻底失去了再利用价值，所以，该部分水应该属于这个生产部门的耗水量。而现有账户结构，将其计在了排放里面。还有，经过一次使用而不能再用的低质水，也应该计为耗水，而这个结构仍然计在了排放里面。

表 5-1 水的实物量供给、使用、排放及消耗账户

项目		产业				水行业取水量					
		第一产业	第二产业	第三产业	总计	自来水	水管理业1	水管理业2	水管理业3	污水业	合计
水源类型	常规工程	地表水									
		其中：河流									
		水库									
		湖泊									
		地下水									
		其中：浅层地下水									
		深层地下水									
		微咸水	第Ⅰ	象限			第Ⅱ	象限			
		土壤水									
		集雨工程									
		合计									
	非常规	污水处理工程									
		海水淡化									
		直接利用海水									
		合计									
经营类型	经营实体	自来水业									
		水管理业1									
		水管理业2	第Ⅲ	象限			第Ⅳ	象限			
		水管理业3									
		污水处理业									
		合计									
		其中：取用新水									

（续表）

项目		产业				水行业取水量					
		第一产业	第二产业	第三产业	总计	自来水	水管理业1	水管理业2	水管理业3	污水业	合计
排放回归水量	排放	排入污水厂									
		排入河流									
		排入海洋	第Ⅴ 象限				第Ⅵ 象限				
		小计									
	回归	回归地表水									
		回归地下水									
		小计									
	排放回归合计										
	消耗水量										

5.3.1.2 农业水资源的资产存量核算

水资源没有可计量的总存量概念，因此，只能在提取获得意义上定义并核算水资源总量。水资源资产账户将水的提取和回归与水资源存量相联系，综合反映核算期内人类活动（从环境中取水，返回到环境中）及自然过程（降水、蒸发和流入、流出等）对水存量的影响，为水资源合理规划和利用提供可靠的数据。具体帐户项目包括期初存量、入境量、补充量、供水量、总损耗量（各行业供水耗水量与天然河道损失量之和）、出境量、期末存量。资产存量账户见表5-2。

表5-2 资产存量账户　　　　　　　　　　　　单位：亿 m³

项 目	期初存量	入境量	补充量	供水量	总损耗量	出境量	期末存量
地表水							
地下水							

期初或期末地表水资源存量是指某一单元内，期初或期末水库、湖泊以及河道内某一时点的存量，通常可以用河道的平均流量乘以流程所需要时间的简易方法，计算河道内某一时点的存量；供水量是由水利工程设施提供给国民经济各行业的水量；地表水损耗量主要包括天然河道输水渗漏、蒸发损失量和为国民经济各行业提供的地表水量中的渗漏、蒸发以及工艺过程中的

消耗的水量；地表水天然补充量是指期中流域内大气降水所形成的河川径流量部分；入境水量是指全年由河口流入流域的水量；出境水量是指全年由河口流出流域的水量。

5.3.1.3　农业水资源的水质账户

水质是描述水资源的重要指标，它在很大程度上反映了水资源的价值和功能，水资源水质帐户是描述流域内各水系台账，根据水质帐户，可以综合反映水资源质量状态，进而掌握污染源以及排污情况，为进行污染源管理、水质评价以及污水综合治理提供依据。

描述水质的指标有 30 余项，在建立水质帐户时不可能一一列出。为使水质核算有一个统一的标准，对水质的核算常常采用国家环保局颁布的《地面水环境质量标准》（GN3838—88），依据地表水资源不同的使用目的及保护目标，将地表水分为 5 类。其中 I - III 类可适用于饮用水源，IV 类和 V 类主要适用于工业及农业用水，超 V 类水则丧失使用功能。水质帐户分别列出了期初和期末地表水资源在各个河段的水量和水质类别，水质帐户中的"期中"一栏用于反映国民经济各行业从各个河段的取水以及向各个河段排放废水的情况，以此来反映各行业用水以及排放对水质影响。水质账户见表5-3。

表 5-3　水质账户　　　　　单位：亿 m³

项　目	小计	I	II	III	IV	V
期初存量						
降水量						
入境量						
排水量						
净增加量						
供水量						
出境量						
损失量						
净减少量						
净变化量						
期末存量						

5.3.2　农业水资源的价值量核算

农业水资源价值量核算是以实物量核算为基础的，是农业水资源总量核算的第二个步骤，也是最重要的步骤。只有将水资源的价值核算出来，才能够使得水资源核算纳入国民经济核算成为可能。但对水资源进行价值量核算，进行非市场化估价，目前还没有成熟的理论。很多专家学者都在尝试运用机会成本法、替代费用法、残值法、影子价格法等对水资源进行估价，但每一种方法都存在不同的缺陷和不确定性。报告介绍两种价值计算模型，对农业水资源价值量核算做一些尝试。

第一种数学模型：按照有无对比法计算农业水资源价值，具体是按照农业水分生产函数分别计算出无灌溉与有灌溉（包括非充分灌溉）时的作物产量，两者的差值与作物价格之积减去有无灌溉作物成本的增长再除以灌溉水量即为农业水资源价值。其计算公式为：

$$V_i = \frac{(Q_i - Q_{i0})P_i - A_i(C_i - C_{i0})}{W_i}$$

式中：V_i为i类农作物平均水资源价值；A_i为第i类农作物种植面积；Q_i为第i类农作物在有灌溉条件下的产量；Q_{i0}为第i类农作物在无灌溉条件下的产量；O_i为第i类农作物价格；C_i为第i类农作物在有灌溉条件下单位面积的生产成本；C_{i0}为第i类农作物在无灌溉条件下单位面积的生产成本；W_i为第i类农作物的灌溉水量。

如果某个地区种植了n种农作物，则该地区的农业水资源价值计算公式为：

$$V = \sum_{i=1}^{n} V_i / n$$

式中：V为某个地区平均农业水资源价值；n为农作物种类。

有无灌溉的作物产量Q_i和Q_{i0}可通过农业水分生产函数来计算，作物用水量与产量之间的关系较复杂，因此计算公式较多，一般选择二次抛物线关系来描述：

$$y = aET_c^2 + bET_c + c$$

式中：y为作物产量（kg/hm²），ET_c为作物用水量（mm），a、b、c为回归系数。

一般这种计算公式的农业水分生产函数关系曲线的拟合主要是通过实验资料、大型灌区的有关调查统计资料等，属于经验函数公式。

第二种数学模型：该方法是通过非充分灌溉条件下农作物产量与充分灌溉条件下最大产量的关系计算出非充分灌溉条件下的灌溉水量，然后再进一步计算某一地区的农业水资源价值。首先，建立产量—蒸腾散发计算模型，其计算公式为：

$$\frac{Y}{Y_{\max}} = 1 - K_y \cdot \left[1 - \frac{E}{E_{\max}} \right]$$

式中：Y 为农作物的实际产量（kg/hm^2）；$Y_{\max}$ 为在充分灌溉条件下的最大产量（kg/hm^2）；K_y 为产量反应系数；E 为农作物的实际蒸腾散发量（mm）；$E_{\max}$ 为充分灌溉条件下的最大蒸腾散发量（mm）。

式中：$Y_{\max}$ 和 K_y 一般是已知的（可通过实验资料获得），$E_{\max}$ 可以通过公式：$E_{\max} = K_c \cdot E_0$ 计算得出。

式中：K_c 为作物系数；E_0 为参考作物蒸腾散发量。

此外，实际产量是已知的，将上面的产量—蒸腾散发量计算公式变为：

$$E = E_{\max} \left\{ 1 - \frac{1}{K_y} \left[1 - \frac{Y}{Y_{\max}} \right] \right\}$$

通过这个公式就可以求出农作物的实际蒸腾散发量，再乘以农作物种植面积就可以获得农作物的实际耗水量 W_i。将农作物产量乘以农作物的价格即为农作物的直接经济价值，然后再除以农作物生长过程中的实际耗水量即为农业水资源的价值，其计算公式为：

$$V = \sum_{i=1}^{n} \frac{Y_i \cdot P_i}{W_i}$$

式中：V 为某一地区农业水资源的价值；Y_i 为第 i 种农作物的产量；P_i 为第 i 种农作物的价格；W_i 为第 i 种农作物的实际耗水量。

以上两种价值核算模型在运用中需要注意如下两方面。

第一，对第一种方法，用农业生产的净收益除以农业生产用水量，即得每 m^3 农业水资源的价值，这是农业水资源的平均价值，农业生产的净收益即农业生产的最终产品的价值减去用于农业生产的成本投入，这一数值可通过实地调查或社会经济统计资料分析计算得出。

第二，对第二种方法，农业生产用水量一般通过计算作物蒸发蒸腾量来获取作物生产的用水量，它是农业生产的净耗水量，与用于农业实际的灌溉水量并不一致，但有一些公式将农业生产用水量看作是用于农业灌溉的水量。

5.4 农业节水总量核算

农业节水总量核算的主要内容是通过考察多种节水灌溉方式的节水效果，核算出某一地区的节水总量，即进行农业节水的实物量核算。在实物量核算的基础上，利用前面内容中核算出的农业水资源的平均价值，核算出农业节水的价值量。

5.4.1 农业节水的实物量核算

农业节水实物量核算的难点在于，通常某一地区会因地制宜地采用多种节水措施，而每一种节水措施的节水效果又是不一样的，因此，很难以某一种措施的节水效果为标准核算农业节水总量。

5.4.1.1 农业节水灌溉方式

（1）田间地面灌水

改土渠为防渗渠输水灌溉，可节水 20%。推广宽畦改窄畦，长畦改短畦，长沟改短沟，控制田间灌水量，提高灌水的有效利用率，是节水灌溉的有效措施。

（2）低压管灌

利用低压管道（埋没地下或铺设地面）将灌溉水直接输送到田间，常用的输水管多为硬塑管或软塑管。该技术具有投资少、节水、省工、节地和节省能耗等优点。与土渠输水灌溉相比管灌可省水 30%~50%。

（3）微灌

有微喷灌、滴灌、渗灌等微管灌等，是将灌水加压、过滤，经各级管道和灌水器具灌水于作物根系附近，微灌属于局部灌溉，只湿润部分土壤。对部分密播作物适宜。微灌与地面灌溉相比，可节水 80%~85%。微灌与施肥结合，利用施肥器将可溶性的肥料随水施入作物根区，及时补充作物所需水分和养分，增产效果好，微灌应用于大棚栽培和高产高效经济作物上。

（4）喷灌

喷灌是将灌溉水加压，通过管道，由喷水咀将水喷洒到灌溉土地上，喷灌是目前大田作物较理想的灌溉方式，与地面输水灌溉相比，喷灌能节水 50%~60%。但喷灌所用管道需要压力高，设备投资较大，能耗较大，成本较高，适宜在高效经济作物或经济条件好、生产水平较高的地区应用。

5.4.1.2 农业节水平均节水率的确定

以上列出的四种主要节水灌溉方式，因操作方式、适用性等因素影响，具有不同的节水率，分别为 20%、30%～50%、80%～85%、50%～60%，计算出不同节水灌溉方式的平均节水率，那么用平均节水率结合农业用水量，就可以计算出农业节水总量。在经验数值中，每一种节水率又有最佳节水率和基本节水率，我们在计算平均节水率的时候常常采用上限和下限的中间值，或采用实践所得的数据。平均节水率的计算公式为：

$$d = \sum_{i=1}^{n} d_i \cdot a_i$$

式中：d 为平均节水率；d_i 为第 i 种节水方式的节水率；a_i 为第 i 中节水方式灌溉面积占总面积的比率；$n = 1，2，3\cdots\cdots$ 表示不同的节水方式。

5.4.1.3 农业节水总量的核算

计算出农业节水平均节水率，结合农业水资源总量核算中的农业用水量数值，可以进行农业节水量的核算，公式为：

$$W_d = W_a \cdot d$$

式中：W_d 为农业节水量；W_a 为农业用水量；d 为平均节水率。

由农业水资源价值量核算可知，W_a 可取两种数值，一是农业灌溉水量，一是农作物的实际耗水量，在核算取值时，要保证前后统计口径一致。

5.4.2 农业节水的价值量核算

在农业节水实物量核算结果的基础上，结合农业水资源价值量核算中的农业水资源平均价值，即可计算农业节水的价值，公式为：

$$V_d = W_d \cdot v$$

式中：V_d 为农业节水价值量；W_d 为农业节水量；v 为农业水资源平均价值。

5.5 农业节水投入的核算

农业节水投入的核算主要描述了与节水有关的基础设施等固定资产投资、劳动力投入，以及与节水有关的活动或者附属活动所产生的成本。农业节水投入的核算在传统国民经济核算中已经相当成熟，这一部分的数值可以取自国家或地区的《水利发展统计公报》，在这里不做专门的说明。需要说明的是，这一部分成本在核算传统 GDP 时，已经进行过扣减，因此在农业节水绿色 GDP 的核算中，不再对 GDP 进行扣减，避免重复计算问题。

5.6 经农业节水核算调整的绿色 GDP 核算

对农业节水进行实物量和价值量核算的最终目的是要将核算的结果纳入传统的国民经济核算体系。遵循传统国民经济总量的核算方法，农业节水绿色 GDP 是以国民经济核算为基础，用农业水资源损耗、农业节水产生的直接经济效益对传统国民经济核算总量指标进行调整，从而得到一组以绿色国内生产总值为中心的综合性指标。很明显，核算的最终目的是核算出功能上类似于国内生产总值（GDP）的绿色国内生产总值，因此有必要对传统GDP 的核算方法加以说明。

5.6.1 传统 GDP 的核算方法

国内生产总值是一个生产总量指标，但并不是说 GDP 只能在生产的意义上进行度量。具体来讲，国内生产总值可以从生产、收入和支出三方面加以计算，计算结果所形成的平衡关系，称为国内生产总值的三方等价原则，由此体现了国民经济核算的基本框架。

（1）从生产角度计算

国内生产总值是所有生产单位增加值的总和

$$GDP = 总产出 - 中间投入$$

其中，总产出是指在确定的生产核算范围内各单位主要和次要生产活动的总成果；中间投入是指为取得总产出而投入的非耐用性货物与服务。

（2）从收入角度计算

国内生产总值是各生产单位增加值在初次分配阶段所形成的收入流量总和

$$GDP = 劳动者报酬 + 固定资本消耗 + 生产税净额 + 营业盈余$$

其中，营业盈余是各单位增加值扣除前三项后的余额，构成生产单位的盈利，体现各单位进行生产活动的收益。

（3）从支出角度计算

也就是从社会产品最终使用的角度核算国内生产总值。

$$GDP = 最终消费支出 + 资本形成 + 净出口$$

其中，资本形成是指为积累资产而购买的各种货物与服务所花费的支出，具体包括固定资本形成与库存增加两部分。

5.6.2　农业节水绿色 GDP 的核算方法

传统 GDP 核算为农业节水绿色 GDP 核算提供了可以参考的核算方法，具体核算方法如下。

（1）生产法

农业节水绿色 GDP＝总产出–中间投入–农业水资源损耗+农业节水价值

（2）收入法

绿色 GDP＝劳动者报酬+固定资本消耗+生产税净额+经农业节水核算调整的营业盈余

（3）支出法

绿色 GDP＝最终消费+经农业节水核算调整的资本形成+净出口

经农业节水核算调整的绿色国内生产总值（EDP）总量核算表分别见表 5-4、表 5-5、表 5-6。

表 5-4　EDP 总量核算表（生产法）

××××年度/货币单位

项　　目	序　　号
总产出	（1）
中间投入（–）	（2）
国内生产总值	（3）＝（1）–（2）
农业水资源损耗（–）	（4）
农业节水价值（+）	（5）
经农业节水核算调整的国内产出 EDP	（6）＝（3）–（4）+（5）

表 5-5　EDP 总量核算表（收入法）

××××年度/货币单位

项　　目	序　　号
劳动者报酬	（1）
固定资本消耗	（2）
生产税净额	（3）
营业盈余	（4）
农业水资源损耗（–）	（5）
农业节水价值（+）	（6）
经农业节水核算调整的国内产出 EBP	（7）＝（4）–（5）+（6）
经农业节水核算调整的国内产出 EDP	（8）＝（1）+（2）+（3）+（7）

表 5-6　EDP 总量核算表（支出法）

××××年度/货币单位

项　　目	序　　号
最终消费	(1)
资本形成	(2) = (3) + (4)
固定资本形成	(3)
存货	(4)
农业水资源损耗（-）	(5)
农业节水价值（+）	(6)
经农业节水核算调整的资本形成 ECF	(7) = (2) - (5) + (6)
净出口	(8) = (9) - (10)
出口	(9)
进口（-）	(10)
经农业节水核算调整的国内产出 EDP	(11) = (1) + (7) + (8)

注：EBP（Environmental Business Profit）表示经农业节水核算调整的营业盈余；

EDP（Environmental Domestic Product）表示经农业节水核算调整的绿色国内生产总值；

ECF（Environmental Capital Form）表示经农业节水核算调整的资本形成。

6 结论

6.1 研究进展与主要成果

报告以西北地区农业节水为背景，构建西北农业节水生态补偿机制为研究目的，以生态补偿、绿色 GDP 核算理论与方法为主要研究内容，运用成本——效益理论、生态价值理论、激励理论、制度理论等专业知识，初步构建了西北农业节水生态补偿机制的理论与实践，结合张掖市节水案例提出建立节水型生态经济特区，取得的主要研究进展与主要成果如下。

报告分析了我国现有节水系统工程中存在节水制度的缺失，目前学者提出农业节水多从水权、水价角度考虑。本文从激励农业节水的主体这一视角研究，提出水资源的经济属性是生态补偿的理论基础，水资源的公共物品特性和水资源开发利用外部成本内部化特性是实施农业节水生态补偿理论的依据，论证了建立农业节水生态补偿机制的重要性、可行性；研究了农业节水生态补偿、绿色 GDP 核算的经济理论基础，初步建立农业节水生态补偿机制的理论框架。

报告以西北地区农业节水的微观主体——农民、宏观主体——当地政府为研究对象，提出西北地区农业节水生态补偿机制：用农业节水生态补偿的手段调动农民节水的积极性，提出农户节水补偿的原则、补偿标准，以张掖市为例计算出农户田间灌溉节水补偿数量和结构调整节水补偿数量；研究设计符合当地政府实现经济增长和节水型生态保护的生态补偿激励机制，实施绿色 GDP 的核算体制，从现行 GDP 中扣除农业水资源损耗成本和加上农业节水价值，不仅能够反映经济增长水平，而且能够体现经济增长与水资源损耗程度，有利于增强当地政府、行政官员的节水意识和对生态环境的保护，调节相关者利益关系的制度安排，达到节约用水促进生态环境保护的目标。

结合西北内陆河流域张掖市研究，应用生态补偿、绿色 GDP 核算理论与方法，提出建设西北内陆河流域张掖生态经济特区的设想，从农业节水生态补偿机制的经济、制度政策角度分析，采取必要的价值补偿，组建特区运行机制和管理办法，保证节水制度的顺利实施，进一步丰富和发展以生态补偿和农业节水绿色 GDP 为主要内容的理论和实践，达到社会节水的目标。

6.2　进展与创新

第一，构建出农业节水生态补偿机制的理论和实践框架。提出农业节水的新机制——农业节水生态补偿机制。

第二，研究设计农户农业节水激励机制。分别阐述了农业节水生态补偿的内涵、原则、范围，提出了农户节水生态补偿标准的测算方法。

第三，研究设计符合当地政府实现经济增长和节水型生态保护的激励机制，界定了农业节水绿色 GDP 的概念、核算范围、核算方法、核算步骤，建立农业节水绿色 GDP 核算体系。

第四，提出建设张掖生态经济特区的设想，并阐述了生态经济特区的建设内容、运行的社会保障体系。

6.3　研究难点与经验体会

农业节水生态补偿机制研究是一项非常重要和难度很大的研究课题，它涉及社会、经济环境、资源、法律及节水技术等多学科、多领域，是一项制度研究与技术研究相结合、实用性又相当强的复杂研究系统。由于当前国内外可以借鉴的经验不多，增添了研究的难度。因此，在研究过程中深感艰辛与不易。

首先，是对农业节水生态补偿机制的认识与理解。由于农业节水牵涉面大，农业节水问题与农民的利益息息相关，节水与当地政府发展经济的矛盾，因此，要全面认识农业节水的复杂性，需要长期的摸索与实践才能形成。

其次，水资源作为自然资源，其价值的科学核算本身就是一项具有相当难度的课题，如何有效地实施农业节水生态补偿是实现水源有偿使用制度的关键与难点。对此研究旨在抛砖引玉，更深入的研究有待继续。

最后，提出建设西北内陆河流域张掖生态经济特区的设想，组建特区运行机制和管理办法，是否能保证节水制度的顺利实施，还需要在现实社会中不断实践，才能得出真实的结果。

6.4 探索和讨论

6.4.1 探讨一

报告就节水的微观主体——农民来设计节水激励机制的创新，生态补偿完全靠政府行为是输血型补偿，可能会有以下弊端：一是给政府财政带来很大压力；二是政府用于补偿管理成本高、效率低；三是政府补偿与农民增收没有直接联系，会弱化市场机制的作用。

农业龙头企业的介入，引进了市场机制和竞争机制，由输血型补偿走到造血型补偿，农业节水的实现方式通过农业产业化来实现，是生产方式的创新，同时也是解决农业增效农民增收的有效途径。将千家万户的农户组织起来，这种组织是龙头企业或其他经济组织与众多农户之间的合作，这种合作通过签订和履行契约的过程完成的，在生产过程中按照标准化生产模式，推广节水技术、加强节水管理，从而达到节水与增收的双赢目的。

张掖市的案例充分说明农户节水的两个条件。农户节水的结果是要保证其不低于以往的收益，农户节水技术须有技术人员的帮助、指导。这两项条件的满足只有龙头企业可以实现。龙头企业和农户协会组织是对等的经济实体，两个经济实体通过签订契约来保证这两个条件，通过农业结构的调整，实现由单一耗水产量型农业向节水产量效益型农业转变。张掖市玉米制种企业在播种前将制种的父母本、化肥、农膜赊给农民，农民按照公司种植规范种植，土地平整，长畦改短畦，地膜覆盖，改大水漫灌为沟灌等措施，制种关键期有制种公司的技术人员盯在地里为农户提供及时的技术服务，农民必须按照技术规范作业，以保证种子的纯度和洁净度，秋收晾晒后的种子经过鉴定合格，制种公司上门拉货。一亩玉米制种的保底收入是 1 350~1 400 元，农户种植大田玉米最高亩产收入是 1 020 元，制种每亩多收入 300~400 元，由于按照标准化生产，技术人员把住了玉米生长关键期灌溉水，制种玉米比大田玉米节水 80~100m³。

初步结论：农业龙头企业是实现农业节水与农民增收的有效组织形式。农业产业带动农户节水机制是发挥市场机制补偿——造血型补偿的新形式，是实现微观节水主体——农民有组织节水的有效途径，值得进一步深入研究。

制种生产关系到制种地区农业增效、农民增收，关系到全省乃至全国粮食生产的安全。基地农户与种子企业建立良好的利益联系机制。企业建立稳定的种子生产基地，鼓励基地农户积极发展农民专业经济合作组织，建立以农业龙头企业+农民专业经济合作组织+农户为主的经营模式，企业与农民签订农产品收购合同，把农业节水目标纳入田间管理中，事实上农业节水的农产品价格高于非节水农产品的价格 5%～10%，激励农民节水，企业的节水效益可在所得税收中抵扣，形成节水绿色农产品的供应链，最终寓节水于农产品之中，形成节水生态农产品标记，形成节水绿色农产品核算体系，让整个节水农产品产业链的节点都有节水补偿的价值，形成节水农业产业，使农业产业发展向资源消耗少、环境影响小、经济效益高的方向发展。

6.4.2　探讨二

在农业节水的水市场建立中，创建水资源资本市场体系是很重要的，如创建水资源投资基金市场。节水工程投资、节水补偿资金单靠政府基金是不够的，建立一种超出政府基金之外、按市场机制运行的水资源投资基金，就是提供一种将"货币银行"的储蓄向"水银行"的投资转化的直接通道，实现社会资金向"水产业"投资领域的转移。总结张掖市水市场推行的"水票制"，向"水股票"发展，真正实现节水行为的市场化，使节水生态补偿机制由单一的政府行为转向政府行为与市场行为的统一。

中篇 绿洲灌区水资源承载力与现代农业发展研究

——建设节水型现代农业示范区是西北绿洲灌区节水农业的重要路径

1 绪论

1.1 水资源承载力是西北绿洲可持续发展的关键

我国是全球干旱区面积比例较大的国家,干旱区面积占了国土面积的29.3%,而绿洲是干旱区独有的人文自然景观。我国绿洲主要分布在新疆的塔里木盆地、准噶尔盆地、吐鲁番—哈密盆地、伊犁谷地、甘肃的河西走廊、内蒙古自治区(以下称内蒙古)的河套平原、阿拉善高原、鄂尔多斯高原西部、宁夏的银川平原南部以及青海的柴达木盆地等区域。

1949年后,西北绿洲得到很快的发展,特别是1978年以来,西北干旱区绿洲面积大幅度扩大,经济迅速发展。据统计,新疆维吾尔自治区(以下称新疆)20世纪90年代末绿洲面积为1949年的3倍多。干旱区绿洲以仅占国土面积4%的土地,聚集着干旱区95%的人口和90%以上的财富。

近几十年,全球正经历着以变暖为特征的变化,特别是近20多年来,全球增温迅速。西北地区气温普遍升高,降水不均,出现西部地区增加,东部地区持续减少的现象。研究西北绿洲水资源承载力的变化,分析其变化原因,在气候变化的背景下如何合理进行西北绿洲的建设,保持绿洲可持续发展是西部大开发的关键问题之一。

因此,西北绿洲生态系统最重要的约束因素是水资源,提高西北绿洲水资源承载能力,实现西北绿洲的可持续发展,不仅对干旱地区经济的发展有深远意义,而且对我国国家安全、生态安全和整个社会可持续发展意义重大。

1.2 农业节水对西北绿洲可持续发展意义重大

绿洲农业亦称绿洲灌溉农业和沃洲农业,指干旱荒漠地区依靠地下水、泉水或者地表水进行灌溉的农业。绿洲农业一般分布于干旱荒漠地区的河、湖沿岸，冲积扇、洪积扇地下水出露的地方以及高山冰雪融水汇聚的山麓地带，一般呈带状、点状分布。世界绿洲农业主要分布于西亚、美国的中西部地区、前苏联的中亚地区、非洲的撒哈拉及北非地区。

我国以新疆和甘肃河西走廊等地区的昆仑山、天山、祁连山山麓最为普遍。经过长期的经营开发，绿洲中主要种植小麦、玉米、棉花、瓜果和少量的水稻，并植树造林和建设农村聚落，形成与周围的戈壁、沙漠截然不同的景观，犹如沙漠中的绿色岛屿。绿洲也是干旱荒漠地区农牧业经济较发达和人口集中的地方，往往是地区经济、社会和文化的中心，具有重要的地位和价值。

绿洲农业区指以新疆干旱地带靠内流河水灌溉为主的农业种植区。目前作物是以小麦、玉米和棉花为主体的粮—经二元结构，是我国最大的优质棉产区和第二大甜菜糖产区。新疆是全国光资源最充足的地区之一，仅次于西藏高原地区，但热量却比西藏高原优越得多。南疆地区冬小麦、夏玉米一年两熟能正常成熟。北疆绝大多数地区冬小麦、春玉米一年一熟热量尚有富余。水资源中降水严重不足，北疆 $200 \sim 380mm$，南疆只有 $50 \sim 100mm$，灌溉对本区农业至关重要。

农业是西北绿洲重要的用水单元，农业节水对提高西北绿洲水资源承载力，实现西北绿洲可持续发展具有重要意义。

1.3 张掖案例点的典型性以及研究设计

1.3.1 选择地区层面开展研究的适宜性

研究西北绿洲水资源承载力以及农业节水路径问题，可以选择在不同空间尺度上展开研究。限于关注的焦点，我们选择在地区层面进行分析，原因如下。

一是地区层面的分析适合在政治—经济—生态系统中看待水资源承载力与农业节水问题。较之于较大尺度（如国家或者省际）的分析，地区层面的分析决策单元比较适合我国区域发展的实际状况；较之于较小尺度（如县、乡村）的分析，又能有效将地区发展政策内生化；较之于特定生态区的分析，政治与经济因素的激励效果更容易得到观察。

二是地区层面的分析有助于将地区、县（市）两级政府的有关决策纳入分析框架，从而分析有关政策的生态与经济效果，为地区水政策的完善奠定基础。

三是地区层面的分析也有助于从区—县（市）—用水单位（产业或者农户）层面观察水政策的层级执行机制，为探讨节水机制的完善提供视角。

1.3.2 张掖案例点的典型性

张掖市被水利部确定为全国第一个节水型社会建设试点以来，经历了理论探索、选点实践、政府引导、社会参与、全面推进、巩固提高的过程，初步形成了以水权改革配置、结构调整节约、总量控制调节、社会参与推动的局面，突出的水资源供需矛盾得以有效缓解，黑河调水任务得以连续完成，全民节水意识得以明显增强，实现了经济结构调整与水资源优化配置的双向促动，提高了水的利用效率和效益。2006 年试点建设通过水利部验收，并被水利部授予全国节水型社会建设示范市称号。"十二五"期间，张掖市节水型社会建设工作按照加大力度，扩大成效，巩固和保持好全国第一面节水型社会建设旗帜的总体要求，结合张掖实际，提出了"举节水旗，发展现代农业，加快新农村建设"的新思路，全市围绕经济社会发展大局和水资源的开发利用现状，以节水型社会建设为总揽，完善总量控制措施，加强制度建设和节水工程建设，切实提高水资源利用效益，节水型社会建设取得了实质性进展。

由于本报告关注的是西北绿洲的水资源承载力以及农业节水问题，张掖市完全具备研究的条件。此外，张掖市的典型性如下表现。

一是张掖地区是西北绿洲的典型地区，具有发达的绿洲农业，并以此为基础工业经济得到较好发展，产业系统完备，具备研究问题的基础条件。

二是将张掖地区作为典型案例点，有助于减少民族等问题对水资源决策的影响，专注于生态—经济—政策的分析，提高分析的效率。

三是研究小组与张掖地区有多年的合作关系，容易得到研究单位的配合，为数据的搜集、案例的获取、政策的分析提供了支撑，保证了研究的需要。

1.3.3 研究设计

本报告以西北绿洲水资源承载力的一般理论分析与经验验证为研究基础，通过张掖市典型案例的分析，分析绿洲水承载力的现状与趋势，分析农业用水的效率以及节水路径。结合张掖市下一步的发展规划，从水承载力的角度提供生态支撑，并探讨农业节水政策完善的途径。以张掖市为基础，提供西北绿洲水资源承载力的一般理论结论，并对类似地区的水政策完善提供建议。

2 张掖地区自然资源、社会经济以及水资源利用概况

以张掖市为案例点研究水资源承载力问题，就是要在张掖地区特定的生态—经济—社会系统中来探讨水资源承载力的现实状况以及约束因素，为水资源承载力测算与预测奠定基础。为此，把握张掖市自然、资源、社会与水资源利用概况，就是水资源承载力计算、规划与预测的基础。

2.1 自然资源概况

2.1.1 土地资源

张掖市土地总面积 4.2 万 km^2，占全省总面积的 9.2%。

根据第一次全国水利普查数据，总灌溉面积为 534.48 万亩。其中，耕地 433.53 万亩，园林草地等 100.95 万亩。

甘州区：总灌溉面积 158.19 万亩，其中耕地有效灌溉面积 133.88 万亩，园林草地等有效灌溉面积 24.31 万亩。

临泽县：总灌溉面积 110.67 万亩，其中耕地有效灌溉面积 57.81 万亩，园林草地等有效灌溉面积 52.86 万亩。

高台县：总灌溉面积 65.69 万亩，其中耕地有效灌溉面积 56.63 万亩，园林草地等有效灌溉面积 9.06 万亩。

山丹县：总灌溉面积 64.33 万亩，其中耕地有效灌溉面积 59.73 万亩，园林草地等有效灌溉面积 4.6 万亩。

民乐县：总灌溉面积 116.12 万亩，其中耕地有效灌溉面积 108.56 万亩，园林草地等有效灌溉面积 7.56 万亩。

肃南县：总灌溉面积 19.48 万亩，其中耕地有效灌溉面积 16.92 万亩，园林草地等有效灌溉面积 2.56 万亩。

2.1.2 水资源

张掖市多年平均水资源总量为 47.795 亿 m^3。其中，地表水资源为 46.045 亿 m^3，地下水资源为 1.75 亿 m^3。

全市可利用水资源总量 26.5 亿 m^3，其中地表水 24.75 亿 m^3，净地下水 1.75 亿 m^3，人均占有可利用水资源量 1 250m^3，亩均 511m^3，分别为全国平均水平的 57% 和 29%，是典型的资源型缺水地区。尤其是山丹县，人均水资源量只有 600m^3，水资源严重紧缺。

2.2 农业经济概况

2.2.1 农业生产

（1）粮食方面

至 2014 年全年粮食种植面积 275.5 万亩，比上年减少 2.18 万亩；油料种植面积 38.23 万亩，增加 1.08 万亩；蔬菜种植面积 42.98 万亩，增加 4.69 万亩；棉花种植面积 2.86 万亩，减少 0.73 万亩；中药材种植面积 22.62 万亩，增加 1.94 万亩。全年粮食产量 132.62 万 t，比上年增加 4.58 万 t，增长 3.6%。其中，夏粮产量 44.11 万 t，增长 9.5%；秋粮产量 88.51 万 t，增长 0.9%。主要粮食品种中，小麦产量 33.19 万 t，增长 7.7%；玉米产量 64.16 万 t，增长 1.6%。主要经济作物中，油料产量 5.33 万 t，增长 11.9%；蔬菜产量 160.67 万 t，增长 9.2%；棉花产量 0.37 万 t，下降 20.6%；水果产量 26.34 万 t，增长 6.7%；中药材产量 7.96 万 t，增长 13.6%。

（2）林业方面

全年完成造林面积 4.97 万亩，封育面积 5.5 万亩，城区绿化覆盖率为 43.6%，森林覆盖率为 17.25%。

（3）畜牧方面

年末大牲畜存栏 80.77 万头（只），比上年末增长 4.4%；牛存栏 65.91 万头，增长 5.1%；羊存栏 289.06 万只，增长 9.1%；猪存栏 72.88 万头，增长 1.7%。牛、羊、猪出栏分别为 23.29 万头、169.96 万只和 83.35 万头，分别比上年增长 5.1%、7.3% 和 3.5%。全年肉类总产量 11.69 万 t，增长 5%；禽蛋产量 1.51 万 t，增长 3.3%；牛奶产量 7.76 万 t，增长 6.2%。

（4）农业企业方面

围绕玉米制种、马铃薯、高原夏菜、肉牛养殖等特色优势产业，建成产业化基地面积 316 万亩。当年新开工投资上千万元的农产品加工重点龙头企业 16 户，完成投资 5.06 亿元；年销售收入 5 000 万元以上农产品龙头企业达到 52 户，农产品加工龙头企业年加工消耗农产品 258 万 t，农产品加工转化率为 58%。

（5）农机方面

年末拥有农业机械总动力 243.83 万 kW，比上年增长 3.3%。拥有各类农用运输车 4.09 万辆，大中型拖拉机 2.96 万台，小型拖拉机 7.46 万台。全年化肥使用量（折纯）10.46 万 t，农村用电量 4.4 亿 kW/h。

2.2.2 农民收入

2014 年全市农民人均纯收入 9 489 元，同比增加 1 024 元，增长 12.1%，增速快于城镇居民人均可支配收入 2.6 个百分点。甘州区 10 021 元，增长 11.9%；肃南县 11 973 元，增长 11.9%；民乐县 8 106 元，增长 12.6%；临泽县 10 088 元，增长 12.10%；高台县 9 536 元，增长 12.0%；山丹县 9 307 元，增长 12.6%。

农业农村经济平衡发展，家庭经营收入保持稳定增长。2014 年全市农民家庭经营收入 5 716 元，同比增加 508 元，增长 9.8%，对农民增收的贡献率 49.6%，拉动农民人均纯收入增长 6 个百分点。一是特色高效产业。全市设施农业面积 14.1 万亩，比去年增加 1.2 万亩，增长 9.7%。其中日光温室 9.6 万亩，增长 5.2%；钢架大棚 8 万多座，面积 4.5 万亩，增长 16.5%，蔬菜、中药材对农民收入的贡献达到 236 元和 112 元。二是畜牧业发展为农民增收贡献达 148 元。三是农村二、三产业平衡发展，非农家庭经营收入持续增加。2014 年农民来自非农经营纯收入 853 元，增长 7.9%，各级政府采取加大财政、金融支持，提供小额贷款担保等措施，引导鼓励农民工回乡创业，以创业带动就业，农村二、三产业平衡发展。

劳务经济持续发展，工资性收入较快增长。2014 年农民人均工资性收入达到 285 元，同比增加 379 元，增长 15.3%，对农民增收的贡献率达 37%，拉动农民人均纯收入增长 4.5 个百分点，成为农民增收的主要动力来源，劳务经济持续发展，更多的农村劳动力进入务工的行列，尤其是本地务工人数增长明显，促进了农民工资性收入较快提升。2014 年全市劳务输转 28.95 万人，劳务收入 41.86 亿元，同比增长 5.7%。

"三农"投入持续加大，转移性收入增势明显。2014年农民人均转移性收入645元，同比增加94元，增长17.0%，对农民增收的贡献率达9.1%，拉动农民人均纯收入增长1.1个百分点。今年各级政府相继出台支持农业和农村经济发展"1号文件"，加大了惠农政策扶持力度，为农民增收营造了良好的政策环境，各类惠农补贴的足额发放，为增加农民转移性收入提供了保障。

土地流转规模扩大，财产性收入较快增长。2014年农民人均财产性收入275元，同比增加44元，增长18.9%，对农民增收的贡献率达4.3%，拉动农民现金收入增长0.5个百分点。全市土地流转面积102.3万亩，比上年增加11.2万亩，增长12.3%，土地流转租金收入增加，为农民增加财产性收入创造了有利条件。

农民收入结构优化，收入来源趋向多元。在农民纯收入持续增长的同时，收入来源结构逐步优化。2014年在农民纯收入四项构成中，工资性、转移性、财产性收入比重分别达到30.1%、6.8%和2.9%，比上年提高0.9、0.3和0.2个百分点，家庭经营收入比重60.2%，比上年降低1.4个百分点，家庭经营收入一头沉的格局逐步改观，收入来源趋向多元化。

3 张掖地区水资源利用以及承载力约束

3.1 水资源及其开发利用情况

3.1.1 地表水资源量

张掖各河流水源主要通过祁连山区大气降水、冰雪融水及山区地下水等途径混合补给，河川径流受降水、冰川补给、流域蓄水影响，时空分布很不均衡，自西北向东南随海拔升高递增。各河流多年平均（1956—2011 年系列，以下同）总径流量 46.045 亿 m³，其中青海省入境水量 14.67 亿 m³，自产水量 31.38 亿 m³，总水量中过境水量 21.445 亿 m³。分布在张掖市境内各县区的主要河流有 26 条，年径流量 24.75 亿 m³，其中黑河干流 15.8 亿 m³，梨园河 2.37 亿 m³，其他沿山支流 6.58 亿 m³，见表 3-1。

表 3-1 张掖市主要河流年径流量统计表 单位：亿 m³

序号	河流名称	县区	年径流量
1	黑河	甘州、临泽、高台	15.8
2	马营河		0.903
3	寺沟河		0.107
4	三十六道沟	山丹	0.028 1
5	流水口河		0.047 3
6	磁窑口河		0.008 2

（续表）

序号	河流名称	县区	年径流量
7	童子坝河		0.738
8	洪水河		1.19
9	玉带河		0.051 5
10	山城河		0.11
11	海潮坝河		0.483
12	小堵麻河	民乐	0.174
13	大堵麻河		0.871
14	黄草沟		0.035
15	柳家坝河		0.05
16	马蹄河		0.085
17	河牛口河		0.06
18	酥油口河	甘州、民乐	0.448
19	大野口河	甘州	0.145
20	大瓷窑河	甘州、肃南	0.136
21	梨园河	临泽	2.37
22	摆浪河		0.515
23	大河		0.051 4
24	水关河	高台	0.126
25	石灰关河		0.167
26	黑达板河		0.050 5
合　计			24.75

资料来源：张掖市水利局

3.1.2　地下水资源量

3.1.2.1　水文地质

张掖市地下水埋藏与分布总的规律是：自山前至盆地内部，地下水埋藏由深变浅。山前洪积扇带地下水位埋深变化比较大，扇顶靠近山前地带埋深大于 200m，细土平原区埋深小于 50m。出山河流在透水性极强的山前洪积扇群带大量渗漏补给地下水，径流量小于 0.5 亿 m^3 的河流渗失殆尽，较大的河流渗失 32% ~ 34%。地下水沿地形坡降向细土平原运动，沿沟壑呈泉水大量溢出地表，汇入黑河成为地表水。据动态观测资料计算，该带每年有 6.3 亿 m³ 地下水转化为河水，约有 7.4 亿 m³ 引灌河、泉水转化为地下水，其中渠系入渗 5.8 亿 m³、田间入渗 1.6 亿 m³。黑河河床是个地下水排泄通道，在正义峡地下水全部溢出转化为河水，年溢出量 6.5 亿 m³。

3.1.2.2 地下水资源量

境内平原区地下水总补给量为 16.7 亿 m³。按县区分：甘州 33.2%、临泽 21.1%、高台 14.1%、民乐 18.0%、山丹 5.6%、肃南 8.0%；按补给来源分：沟谷潜流与雨洪入渗占 15.9%、河床入渗占 33.4%、渠系入渗占 34.5%、田间入渗占 9.4%、降水凝结水入渗占 6.8%。市内泉水主要形成于细土平原带各个泉沟和黑河河床之中，泉水在"河水—含水层—河水"的水循环系统中多次渗入和溢出，对重复利用水资源有特殊意义。现状平原区含重复的泉水总量为 11.31 亿 m³，主要分布于甘州和临泽。

3.1.2.3 地下水允许开采量

地下水允许开采量是指在一定的技术经济条件下，采用合理的开采方案，在设计开采期内，在不产生严重环境地质问题的前提下，从特定的水文地质单元内取得的地下水量。按现状用水格局条件计算，张掖市地下水允许开采量 6.43 亿 m³，其中甘州 2.01 亿 m³、临泽 1.3 亿 m³、高台 1.5 亿 m³、山丹 0.42 亿 m³、民乐 0.53 亿 m³、肃南明花区 0.67 亿 m³。张掖市与地表水不重复的净地下水资源量 1.75 亿 m³。

3.1.3 可利用水资源总量

全市可利用地表水资源量 24.75 亿 m³，地下水允许开采量 6.43 亿 m³，与地表水不重复的净地下水资源量 1.75 亿 m³，全市可利用水资源总量 26.5 亿 m³。现状人均占有可利用水资源量 1 250m³，亩均 327m³，分别为全国平均水平的 57% 和 18.7%，是典型的资源型缺水地区。

2014 年张掖市总用水量 23.62 亿 m³。其中，农业灌溉用水 20.54 亿 m³，工业用水 0.55 亿 m³，生活用水 0.61 亿 m³，生态用水 1.91 亿 m³。生态用水中，山丹县为 0.07 亿 m³，临泽县为 0.56 亿 m³，民乐县为 0.25 亿 m³，高台县为 0.25 亿 m³，甘州区为 0.65 亿 m³，肃南县为 0.13 亿 m³。

由于水资源分布、工农业布局以及县市地理、经济社会特征的差异，张掖市的水资源利用存在明显的地域特点。2010—2015 年以来，甘州一直是用水量最多的县（市、州），高台县次之，临泽县再次，民乐县基本上排第四位，山丹县与肃南县一直居于最后，见表 3-2。

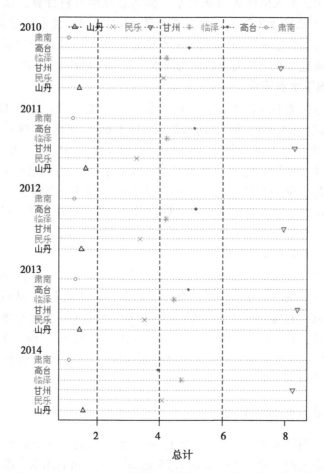

图 3-1　2010—2014 年张掖市不同县（市、州）的年度用水量

3.1.4　水环境现状

根据《甘肃省地面水环境保护功能类别划分规定》，张掖市黑河干流黄藏寺至莺落峡 90km 河段、山丹河源头至马营河段、洪水河源头至与南丰河交汇处河段、梨园河源头至干沟门河段、北大河源头至冰沟河段地表水为 I 类水，黑河莺落峡至黑河大桥 34km 河段、山丹河马营至李桥水库段、洪水河与南丰河交汇处至双树寺水库河段、梨园河干沟门至梨园堡水库河段地表水为 II 类水，黑河高崖至正义峡河段、山丹河李桥水库至祁家店水库段地表水为 III 类水，黑河大桥至高崖段、山丹河碱滩至高崖段地表水为 IV

类水。

根据《甘肃省地下水功能区划定报告》，张掖市共有地下水一级功能区3个（开发区2个，保护区1个，面积39 830km²），二级功能区8个，各二级功能区地下水水质类别分别为：张掖市民乐县永固镇总寨村集中式供水水源区Ⅱ类，张掖市高台县集中式供水水源区Ⅱ类，张掖市分散式开发利用区Ⅲ类，张掖市生态脆弱区Ⅲ类，张掖市山前平原地下水水源涵养区Ⅱ-Ⅲ类，张掖市合黎山地下水水源涵养区Ⅴ类，张掖市龙首山地下水涵养区Ⅴ类，张掖市祁连山地下水涵养区Ⅱ类。张掖市各区县污染及水质现状如下。

（1）甘州区

黑河莺落峡断面以上基本上属天然水质状况，水质良好，为Ⅰ类水质；莺落峡—张掖黑河大桥区段除氨氮超标外，水质良好，达到Ⅱ类水质标准；黑河大桥以下——高崖水文站断面（甘州区段），由于沿岸企业生产、生活污水排入及山丹河污染严重水体的汇入，各种污染物浓度大大增高，水质恶化，达到Ⅲ-Ⅳ类，主要污染物以氨氮、化学需氧量为主，其污染性质均属有机物污染。山丹河二坝水库以上水质良好，为Ⅰ-Ⅱ类水质，二坝水库断面以下——山丹河靖安大桥区段，由于受张掖市东北工业园区企业及城镇居民生活污水排入的影响，污染物常年严重超标，水质为Ⅳ-Ⅴ类。地下水水质均达到Ⅱ类水质标准。现状入河污水排放量1 852万m³，其中生活废水1 335万m³，工业废水497万m³。

（2）高台县

根据2011年黑河干流六坝断面的检测数据资料，黑河干流水质良好，除总氮超标外，其他项目均为达标。废水年排放总量210万m³。

（3）民乐县

该县境内主要河流无工业企业污水排放，污染源主要为生活污水排放，除部分河段COD、氨氮超标外，其他河流水质达到Ⅱ类水质标准，2011年废水排放量为170万m³。

（4）临泽县

2011年该县污水排放量为465万m³，其中COD、SO2、氨氮、总磷等为主要污染物，排放来源主要为生活污水、畜禽养殖污水和采矿选炼产生的污水。

（5）肃南县

该县境内河流主要污染源为生活污水排放，而工业污水排放量较少，除部分河段COD、五日生化需氧量、总氮等指标超标以外，其他河流水质均能达到Ⅱ类水质标准。2011 年该县污水排放量为 204 万 m³。

（6）山丹县

该县排水采用雨污合流制，雨水、工业废水和生活污水经过污水处理厂处理后就近排入山丹河，2011 年该县污水排放量为 149 万 m³。

表 3-2　张掖市水功能区表

水功能一级区名称	水功能二级区名称	水资源三级区名称	起始范围名称	终止范围名称	长度(km)	水质目标
黑河甘肃开发利用区	甘州工业、农业用水区	黑河	莺落峡	黑河大桥	21	Ⅲ
	甘州农业、工业用水区	黑河	黑河大桥	高崖水文站	21	Ⅲ
	临泽高台农业、工业用水区	黑河	高崖水文站	哨马营	248	Ⅲ
大堵麻河肃南民乐开发利用区	肃南、民乐农业用水区	黑河	源头	杨坊	31	Ⅱ
洪水河民乐开发利用区	民乐饮用水源、工业、农业用水区	黑河	源头	双树寺水库	38.5	Ⅱ
	民乐农业用水区	黑河	双树寺水库	六坝	36	Ⅲ
马营河山丹开发利用区	山丹农业用水区	黑河	源头	位奇	87	Ⅲ
山丹河山丹甘州开发利用区	山丹渔业、农业用水区	黑河	源头	碱滩	73	Ⅲ
	山丹工业、农业用水区	黑河	碱滩	入黑河口	25	Ⅳ
梨园河肃南临泽开发利用区	肃南、临泽农业用水区	黑河	白泉门	入黑河口	118	Ⅲ
丰乐河肃南酒泉开发利用区	肃南、酒泉农业用水区	黑河	源头	下河清	99	Ⅲ
洪水坝河肃南酒泉开发利用区	肃南、酒泉农业用水区	黑河	羊露河口	入讨赖河	63	Ⅲ
西营河肃南武威开发利用区	肃南、武威农业用水区	石羊河	铧尖	入石羊河口	76.5	Ⅲ
东大河肃南金昌开发利用区	肃南、金昌农业用水区、工业用水区	石羊河	皇城水库	金山	85.6	Ⅲ
西大河肃南金昌开发利用区	肃南、金昌农业、工业用水区	石羊河	西大河水库	金川峡水文站	91	Ⅲ

资料来源：张掖市水利局。

3.2 水资源承载力现状及约束

张掖市自 2002 年被水利部确定为全国第一个节水型社会建设试点以来，经历了理论探索、选点实践、政府引导、社会参与、全面推进、巩固提高的过程，初步形成了以水权改革配置、结构调整节约、总量控制调节、社会参与推动的局面，突出的水资源供需矛盾得以有效缓解，黑河调水任务得以连续完成，全民节水意识得以明显增强，实现了经济结构调整与水资源优化配置的双向促动，提高了水的利用效率和效益。2006 年试点建设通过水利部验收，并被水利部授予全国节水型社会建设示范市称号。然而，从水资源利用的现实与未来要求来看，如下现实状况与问题值得关注。

3.2.1 西北地区本地生态环境系统相对脆弱

张掖市深居大陆腹地，地处河西走廊中段，为典型的温带大陆性干旱气候，是典型的内陆干旱荒漠生态区，具有光照充足、干燥少雨的特点。低降水和高蒸发使张掖市南部森林带退缩，草场退化；北部荒漠区植被覆盖度低，区域生态环境脆弱。

由于水资源短缺，全市 2005 年仅灌溉期就有约 3.3 万 hm^2 农田受旱；由于干旱和地下水位下降，防风固沙林和水源涵养林面积不断减小；由于缺水不断退化，草场一些沙生植物相继死亡，荒漠化日益加剧。目前全区尚有沙漠、戈壁 600 多万 hm^2，部分地区仍受流沙威胁，风沙危害面积达 0.3 万 hm^2，农田土壤沙化面积 1.7 万 hm^2，全区草原 60%以上是荒漠半荒漠草场。

3.2.2 用水主要依赖黑河等过境水源补给，受过境水源的丰枯变化影响显著

张掖市降雨稀少，蒸发强烈，境内河流均为内陆河流，社会经济的发展基本全靠过境水源的补给，特别是在北部地区，只有在水源附近才形成绿洲，而离水源较远的地方则是一片荒漠，其中黑河对张掖市社会经济发展起着支柱作用。这样一种依赖关系，使得张掖市用水受过境水源丰枯的显著影响。

3.2.3 随着社会经济和城市化的发展，生产和生活用地进一步挤占生态用地

随着张掖市社会经济发展，土地利用方式发生了改变。从 1984—2004 年

20 年间，林地、牧草地和水域面积减少，减幅最大的是牧草地，减少了 5 568.27km^2；林地次之，减少了 1 473.87km^2；水域面积减少了 433.28km^2。面积增加的地类中，荒漠居首，增加了 6 503.22km^2；耕地增加的面积次之，达 659km^2；建筑用地增加了 127.33km^2。园地先减后增。耕地、荒漠和建筑用地后 10 年剧增，后期增加量分别占总增量的 96.94%、95.7% 和 71.1%；牧草地和林地后期也减幅增大，分别占其减少面积的 99% 和 82.5%。因此可以看出，以林地、草地及水域为代表的生态用地在近些年大幅度减少，而以耕地、建筑用地为代表的生产生活用地却在大幅度增加，区域生态环境受到破坏。

3.2.4 社会经济用水进一步挤占生态环境用水

张掖市总体属于资源型缺水地区，人均用水量低于全国水平，是中等程度缺水地区。在黑河干流分水方案中，用水量受到控制；经济的高速发展使

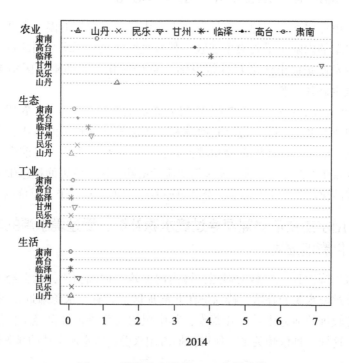

图 3-2 张掖市各州县 2014 年用水量

得生产生活用水捉襟见肘，因此生态用水就更少，甚至被挤占。根据观测资料，现状林草灌溉面积 60 万亩，在全市国民经济用水结构体系中，生态用

水比例只占7.4%，并且存在生态用水管理体系尚不健全，因此不能满足生态植被灌水需求。表3-2对2014年张掖市不同县市分行业用水量进行了图示。

张掖市产业结构表现为"一三二"型，以农业为主的低层次产业结构，造成水资源利用效率低，农业用水比例高的局面，生态用水被国民经济用水大量挤占。

3.2.5 张掖市局部河段水质较差，水生态环境治理任务较重

从近年的监测资料分析来看，黑河出山口水文站断面水质良好，但由于沿途张掖市和临泽、高台等县城镇的工业污水排放，受城区生活、工业污水污染的影响，以及沿途农业农药、化肥的流失，黑河水质状况变差。

4 张掖地区水资源承载力现状评价

从 2005—2014 年张掖市用水概况与水资源可用量，可以对张掖市水资源承载力进行初步评价。

4.1 水资源总量低于全国水平，是典型的缺水地区

根据张掖市水利局提供的资料，全市可利用地表水资源量 24.75 亿 m^3，地下水允许开采量 6.43 亿 m^3，与地表水不重复的净地下水资源量 1.75 亿 m^3，全市可利用水资源总量 26.5 亿 m^3。现状人均占有可利用水资源量 1 250m^3，亩均 327m^3，分别为全国平均水平的 57% 和 18.7%，是典型的资源型缺水地区。

4.2 水资源使用不可持续，水资源短缺的形势依然严峻

从近五年的行业用水情况来看，张掖市用水总量在可控范围之内，没有达到可利用水资源总量峰值。但是，自 2003 年以后，每年要强制向下游下泄 9.5 亿 m^3 的任务，水资源使用不可持续的情况就比较严重，也凸显出水资源紧缺的现实[①]。从用水行业分布来看，农业用水占据绝对比重，这与当地的环境生态状况是难以匹配的。

---

① 这意味着，我们只能表示谨慎的乐观，自然灾害（尤其是旱灾）的发生凸显出水资源的可持续性存在隐患（见下文）

表 4-1　2010—2014 年张掖市用水量统计　　　单位：亿 m³

行业	2010	2011	2012	2013	2014
总用水量	23.539 6	23.701 3	23.399 9	24.024 8	23.618 5
其中：农业	20.978 2	20.993 2	20.672 2	20.959 7	20.543 6
工业	0.520 5	0.568 7	0.580 0	0.591 0	0.553 1
生活	0.580 8	0.638 9	0.641 3	0.612 9	0.613 2
生态	1.460 1	1.500 5	1.529 8	1.861 2	1.908 6

数据来源：张掖市水利局

4.3　用水量在不同区县之间差异较大

张掖市水资源使用也存在明显的地区差异。从用水总量指标可以看出，甘州区用水量最多，一直占到张掖地区全部用水量的 1/3 左右，其次是高台县、临泽县与民乐县，最后是山丹县与肃南县。这种地区差距，与水资源的分布有关，也凸显出水资源调配的可能问题。

表 4-2　2010—2014 年张掖市区县用水量统计　　　单位：亿 m³

区县	行业	2010	2011	2012	2013	2014
山丹县	总用水量	1.409 7	1.618 5	1.493 9	1.437 6	1.556 7
	其中：农业	1.130 7	1.357 4	1.255 1	1.212 5	1.363 8
	工业	0.110 0	0.070 0	0.063 5	0.062 5	0.060 3
	生活	0.079 0	0.063 4	0.062 8	0.064 0	0.064 0
	生态	0.090 0	0.127 7	0.112 5	0.098 6	0.068 6
民乐县	总用水量	4.106 8	3.254 6	3.372 6	3.519 0	4.084 3
	其中：农业	3.921 4	3.084 7	3.139 8	3.194 4	3.690 9
	工业	0.029 4	0.057 0	0.069 0	0.072 4	0.070 0
	生活	0.071 5	0.091 0	0.067 3	0.076 9	0.077 4
	生态	0.084 5	0.021 9	0.096 5	0.175 3	0.246 0
甘州区	总用水量	7.843 2	8.291 5	7.948 8	8.399 0	8.248 3
	其中：农业	7.030 0	7.380 1	7.081 0	7.293 0	7.143 0
	工业	0.227 4	0.217 7	0.165 6	0.170 7	0.170 0
	生活	0.275 8	0.304 5	0.305 0	0.286 6	0.286 6
	生态	0.310 0	0.389 2	0.397 2	0.648 7	0.648 7

（续表）

区县	行业	2010	2011	2012	2013	2014
临泽县	总用水量	4. 201 4	4. 220 9	4. 193 8	4. 449 9	4. 686 6
	其中：农业	3. 517 4	3. 600 3	3. 565 2	3. 741 0	4. 009 0
	工业	0. 076 0	0. 063 0	0. 070 0	0. 076 3	0. 064 0
	生活	0. 038 0	0. 047 7	0. 048 6	0. 050 8	0. 051 6
	生态	0. 570 0	0. 509 9	0. 510 0	0. 581 8	0. 562 0
高台县	总用水量	4. 921 2	5. 102 7	5. 140 4	4. 916 8	3. 956 5
	其中：农业	4. 523 1	4. 683 9	4. 706 1	4. 542 3	3. 553 1
	工业	0. 065 0	0. 069 0	0. 078 5	0. 083 7	0. 075 4
	生活	0. 068 3	0. 082 8	0. 086 5	0. 075 5	0. 076 0
	生态	0. 264 8	0. 267 0	0. 269 3	0. 215 0	0. 252 0
肃南县	总用水量	1. 057 3	1. 213 1	1. 250 4	1. 302 5	1. 086 1
	其中：农业	0. 855 6	0. 886 8	0. 925 0	0. 976 5	0. 783 8
	工业	0. 012 7	0. 092 0	0. 110 0	0. 125 4	0. 113 4
	生活	0. 048 2	0. 049 5	0. 071 1	0. 058 8	0. 057 6
	生态	0. 140 8	0. 184 8	0. 144 3	0. 141 8	0. 131 3

数据来源：张掖市水利局

4.4 旱灾一直是比较严重的灾害类型

从自然灾害，尤其是旱灾的角度，可以看出张掖地区水资源利用的可持续性存在一定的问题。从 2010—2013 年数据可以看出，旱灾是张掖地区最常见的灾害之一，受灾面积在总面积中一直占据主导地位，而旱灾是水资源不可持续性在农业领域的重要表现之一。

表 4-3　张掖地区分类型自然灾害受灾面积　　　　　单位：万亩

县市名	年份	受灾面积合计	旱灾	水灾	风雹灾	霜冻	病虫	其他
全区合计	2013	51. 50	41. 10	—	—	4. 32	1. 20	4. 88
山丹	2013	18. 47	14. 15	—	—	4. 32	—	—
民乐	2013	11. 35	10. 15	—	—	—	1. 20	—

（续表）

县市名	年份	受灾面积合计	旱灾	水灾	风雹灾	霜冻	病虫	其他
甘州	2013	—	—	—	—	—	—	—
临泽	2013	—	—	—	—	—	—	—
高台	2013	4.88	—	—	—		—	4.88
肃南	2013	3.80	3.80	—	—			
全区合计	2012	31.48	5.71	0.70	0.25	15.77	8.73	0.32
山丹	2012	2.40	1.90	0.39	—	0.05	0.06	—
民乐	2012	19.57	1.94	—		8.96	8.67	
甘州	2012	—	—	—	—	—	—	—
临泽	2012	0.02	—	0.02	—	—	—	—
高台	2012	7.59	—	0.29	0.23	6.75	—	0.32
肃南	2012	1.90	1.87	—	0.02	0.01		
全区合计	2011	50.24	29.36	3.39	13.49	0.06	3.93	0.01
山丹	2011	4.38	4.20	—	0.09	0.05	0.03	0.01
民乐	2011	27.73	16.78	—	7.05	—	3.90	—
甘州	2011	—	—	—	—	—	—	—
临泽	2011	—	—	—	—	—	—	—
高台	2011	14.57	5.80	3.38	5.39	—		
肃南	2011	3.56	2.58	0.01	0.96	0.01		
全区合计	2010	58.80	19.63	—	19.25	14.69	4.68	0.55
山丹	2010	9.44	7.50	—	0.07	0.54	0.78	0.55
民乐	2010	25.62	10.90	—		10.82	3.90	
甘州	2010	1.21	1.21	—	—	—	—	—
临泽	2010	—	—	—	—	—	—	—
高台	2010	19.05	—	—	15.76	3.29		
肃南	2010	3.48	0.02	—	3.42	0.04	—	—

数据来源：张掖地区统计年鉴 2010—2013

4.5 暖干化趋势有所显现，对水资源的可持续性带来隐患

对 2001—2014 年降水量与蒸发量的数据分析表明，张掖地区的暖干化趋势比较明显。从降水量数据来看，域内大部分地区降水量少，具有明显的干旱半干旱特征。民乐县是域内降水较为丰富的地区，然而降水量的年际差距较大。

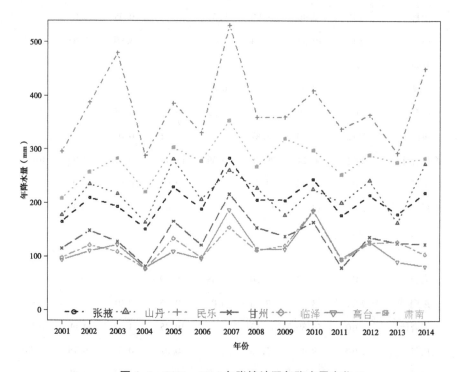

图 4-1　2001—2014 年张掖地区年降水量变化

然而，蒸发量大是张掖地区最为显著的气候特征。平均来看，张掖地区的蒸发量大于降水量 1 450~1 600mm。尤为显著的是临泽县，蒸发量居于首位。此外，从 2002 年以来的数据可以看出，蒸发量有不断上升的态势。

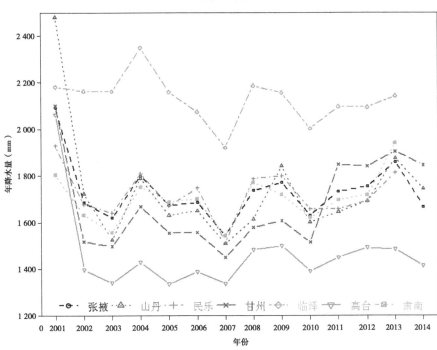

图 4-2　2001—2014 年张掖地区年蒸发量变化

4.6　主要河流年径流量增加，为可利用水资源提供了保障

2010—2014 年，张掖地区主要河流流域面积基本稳定，平均流速有所增加，年径流量增加。比较明显的是，黑河各项指标均明显好转，这与黑河治理等工程及管理措施不无关系。主要河流年径流量稳步增加，在水资源弥足珍贵的张掖地区，为可持续利用水资源提供了利好前景，见表 4-4。

表4-4　张掖地区主要河流情况

河流	年度	流域面积 （平方公里）	平均流速 （m³/s）	年径流量 （亿 m³）
黑河（莺落峡）	2014	10 009	69.9	22.03
黑河（莺落峡）	2013	10 009	62.5	19.70
洪水河（双树市水库）	2013	578	2.93	0.925 4
梨园河（鹰鸽咀水库）	2013	1 620	8.57	2.701
马营河（李桥水库）	2013	1 143	1.34	0.423 4
大都麻（瓦房城水库）	2013	229	2.73	0.862 4
黑河（莺落峡）	2012	10 009	60.7	19.20
洪水河（双树市水库）	2012	578	3.66	1.16
梨园河（鹰鸽咀水库）	2012	1 080	8.04	2.54
马营河（李桥水库）	2012	1 143	1.24	0.39
大都麻（瓦房城水库）	2012	229	3.01	0.95
黑河（莺落峡）	2011	10 009	58.9	18.57
洪水河（双树市水库）	2011	578	3.01	0.949 5
梨园河（鹰鸽咀水库）	2011	1 620	7.62	2.403
马营河（李桥水库）	2011	1 143	1.3	0.409 7
大都麻（瓦房城水库）	2011	229	2.96	0.934 3
黑河（莺落峡）	2010	10 009	54.7	17.26
洪水河（双树市水库）	2010	578	2.95	0.931 2
梨园河（鹰鸽咀水库）	2010	1 620	8.61	2.716
马营河（李桥水库）	2010	1 143	1.33	0.420 2
大都麻（瓦房城水库）	2010	229	2.89	0.909 7

数据来源：张掖地区统计年鉴 2010—2014

4.7　农村水利迅速发展，对水资源的可持续性提出节水硬约束

新中国成立以来，张掖地区的农业生产条件得到了不断改善，农村水利得到迅猛发展，有效灌溉面积和保证灌溉面积不断增加。尤其是 2001 年以来，灌溉面积更是得到迅速增加。如果考虑到农村已配套机井数、水窖和水

田梯田面积等指标的不断增加，可以看出张掖地区的农业水利条件得到了很好的改善。

一方面，这为农业经济社会价值的发挥提供了非常重要的条件，保证了粮食产量、畜牧业生产的增长；另一方面，农业节水也成为需要不断加强的现实问题。在严重缺水的张掖地区，农业又是最主要的用水部门，节省水资源，提高水资源利用效率，就是保证水资源可持续的重要途径。

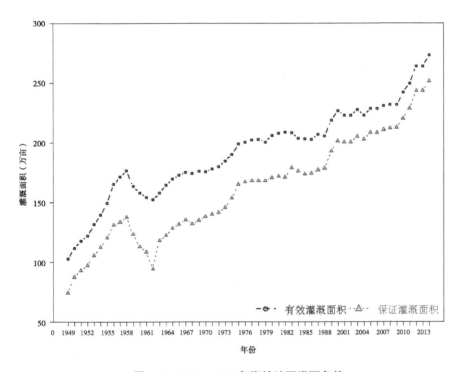

图4-3　1949—2014年张掖地区灌溉条件

5 张掖地区人口、经济和生态变化需水量分析

5.1 生活用水量预测

5.1.1 人口指标预测

通过对近年来张掖地区的人口数据进行整理分析，我们将 2011—2014 年的数据作为分析基础，采用移动平均法（移动 3 年）预测 2015—2019 年的人口指标，预测方法如下。

$$P_t = \frac{1}{n} \sum_{i=1}^{n} P_{t-i}$$

式中：P_t 为第 t 年人口数量；i 为滞后的期数。

预测结果表明，2015—2019 年张掖人口将会面临新的增长，总人口将在 2015 年的基础上增加 1.3 万人。此外，人口结构将会发生明显变化，城市化程度不断提高，2019 年达到 47.51%。此外，各区县的人口数量增加，人口结构也出现类似的变化。人口数量的变化对生活用水变化提出了要求。

表 5-1 张掖人口预测表 单位：万人

县（区）	指标	2015	2016	2017	2018	2019	2020
甘州	总人口	51.42	51.55	51.67	51.80	51.92	51.80
甘州	农业人口	27.11	26.43	25.76	25.10	24.46	25.11
甘州	非农业人口	24.31	25.12	25.92	26.70	27.46	26.69
高台	总人口	14.53	14.56	14.60	14.64	14.68	14.64
高台	农业人口	8.99	8.70	8.42	8.15	7.89	8.15
高台	非农业人口	5.54	5.86	6.18	6.49	6.79	6.49
临泽	总人口	13.6	13.62	13.65	13.68	13.7	13.68

（续表）

县（区）	指标	2015	2016	2017	2018	2019	2020
临泽	农业人口	8.10	7.93	7.76	7.60	7.44	7.60
临泽	非农业人口	5.49	5.69	5.89	6.08	6.27	6.08
民乐	总人口	22.24	22.28	22.33	22.38	22.43	22.38
民乐	农业人口	14.84	14.57	14.30	14.03	13.77	14.03
民乐	非农业人口	7.40	7.72	8.03	8.34	8.65	8.34
山丹	总人口	16.38	16.42	16.46	16.50	16.54	16.50
山丹	农业人口	9.53	9.36	9.19	9.02	8.86	9.02
山丹	非农业人口	6.85	7.06	7.27	7.48	7.68	7.48
肃南	总人口	3.46	3.47	3.49	3.51	3.52	3.51
肃南	农业人口	2.15	2.12	2.09	2.07	2.04	2.07
肃南	非农业人口	1.31	1.35	1.40	1.44	1.49	1.44
全区合计	总人口	121.62	121.91	122.21	122.50	122.79	122.50
全区合计	农业人口	70.73	69.11	67.52	65.97	64.46	65.98
全区合计	非农业人口	50.89	52.81	54.69	56.53	58.34	58.34

数据来源：作者计算

5.1.2 生活用水量预测

通过对张掖地区 2005—2014 年生活用水量的分析，本研究采用移动指数平滑法预测出 2015—2019 年不同区县的生活用水量，预测方法如下。

$$W_t^L = \frac{1}{n}\sum_{i=1}^{n} W_{t-i}^L$$

式中：W_t^L 为第 t 年生活用水量；i 为滞后的期数。

基本上可以看出，生活用水总量甚至略微下降，并且变化在各县并不明显。结合上述部分对人口指标变化的预测，人口总量与结构的变化对生活用水总量的影响并不十分明显。尽管应该倡导生活中节省水资源，但是这一方面的空间是比较有限的。

表 5-2　张掖地区生活用水预测　　　　　　　　单位：亿 m³

区县	2015	2016	2017	2018	2019	2020
山丹县	0.063 6	0.063 9	0.063 8	0.063 8	0.063 8	0.063 8
民乐县	0.073 9	0.076 1	0.075 8	0.075 3	0.075 7	0.075 6
甘州区	0.292 7	0.288 6	0.289 3	0.290 2	0.289 4	0.289 6
临泽县	0.050 3	0.050 9	0.050 9	0.050 7	0.050 8	0.050 8
高台县	0.079 4	0.077 1	0.077 5	0.078 0	0.077 5	0.077 7
肃南县	0.062 5	0.059 6	0.059 9	0.060 7	0.060 1	0.060 2
张掖地区	0.622 4	0.616 2	0.617 2	0.618 7	0.617 3	0.617 7

数据来源：作者计算

5.2　农业需水量预测

　　结合上文的分析，我们比较关心张掖地区农业用水量的变化。通过对张掖地区近十年来农业用水量的变化，我们分析了农业用水量的变化趋势。通过指数平滑法，测算出张掖地区 2015—2019 年农业用水数据，见表 5-3。预测方法如下：

$$W_t^A = \frac{1}{n} \sum_{i=1}^{n} W_{t-i}^A$$

　　式中：W_t^A 为第 t 年农业用水量；i 为滞后的期数。

　　从预测数据可以看出，农业用水在波动中略有下降。农业用水量最大的甘州区用水略有增加，而居于第二位的高台县用水降幅较大，这对临泽县、民乐县的小量增加形成抵消。总体而言，农业用水量的稳定乃至小量下降，对张掖地区水资源承载力而言，提供了利好消息。

表 5-3　张掖地区农业用水预测　　　　　　　　单位：亿 m³

区县	2015	2016	2017	2018	2019	2020
山丹县	1.277 1	1.284 5	1.308 5	1.290 0	1.294 3	1.297 6
民乐县	3.341 7	3.409	3.480 5	3.410 4	3.433 3	3.441 4
甘州区	7.172 3	7.202 8	7.172 7	7.182 6	7.186 0	7.180 4
临泽县	3.771 7	3.840 6	3.873 8	3.828 7	3.847 7	3.850 1
高台县	4.267 2	4.120 9	3.980 4	4.122 8	4.074 7	4.059 3

(续表)

区县	2015	2016	2017	2018	2019	2020
肃南县	0.895 1	0.885 1	0.854 7	0.878 3	0.872 7	0.868 6
张掖地区	20.725 1	20.742 9	20.670 6	20.712 8	20.708 7	20.697 4

数据来源：作者计算

5.3 工业需水量预测

工业用水量在张掖地区的用水结构中一直居于末位。我们通过对2005—2014年工业用水数据的分析比对，采用指数平滑法预测了2015—2019年工业用水量数据，见表5-4。预测方法如下。

$$W_t^I = \frac{1}{n} \sum_{i=1}^{n} W_{t-i}^I$$

式中：W_t^I 为第 t 年工业用水量；i 为滞后的期数。

从预测数据可以看出，未来五年张掖地区工业用水量基本保持稳定。由于工业用水创造的产值相对较高，因此，节约工业用水的同时，也不可影响到工业产值的增加。

表5-4　张掖地区工业用水预测　　　　　　　单位：亿 m³

区县	2015	2016	2017	2018	2019	2020
山丹县	0.062 1	0.061 6	0.061 3	0.061 7	0.061 5	0.061 5
民乐县	0.070 5	0.071 0	0.070 5	0.070 7	0.070 7	0.070 6
甘州区	0.168 8	0.169 8	0.169 5	0.169 4	0.169 6	0.169 5
临泽县	0.070 1	0.070 1	0.068 1	0.069 4	0.069 2	0.068 9
高台县	0.079 2	0.079 4	0.078 0	0.078 9	0.078 8	0.078 6
肃南县	0.116 3	0.118 4	0.116 0	0.116 9	0.117 1	0.116 7
张掖地区	0.567 0	0.570 3	0.563 4	0.567 0	0.566 9	0.565 8

数据来源：作者计算

5.4 生态需水量预测

生态用水是张掖地区居于第二位的用水途径。通过对2005—2014年数

据的分析,预测出未来五年的生态用水数据,见表5-5。预测方法如下:

$$W_t^E = \frac{1}{n} \sum_{i=1}^{n} W_{t-i}^E$$

式中:W_t^E 为第 t 年生态用水量;i 为滞后的期数。

从预测数据可以看出,张掖地区未来五年的生态用水有较大的增加,增加量在 $0.05 \sim 0.08$ 亿 m^3。如果结合近十余年的降水量数据,那么生态用水量的增加是符合气候规律的。当然,不可忽视的是,生态治理以及对生态质量要求的提升,都会提升生态用水量。

表 5-5　张掖地区生态用水预测　　　　　　　　　单位:亿 m^3

区县	2015	2016	2017	2018	2019	2020
山丹县	0.093 2	0.086 8	0.082 9	0.087 6	0.085 8	0.085 4
民乐县	0.172 6	0.198 0	0.205 5	0.192 0	0.198 5	0.198 7
甘州区	0.564 9	0.620 8	0.611 5	0.599 1	0.610 5	0.607 0
临泽县	0.551 3	0.565 0	0.559 4	0.558 6	0.561 0	0.559 7
高台县	0.245 4	0.237 5	0.245 0	0.242 6	0.241 7	0.243 1
肃南县	0.139 1	0.137 4	0.135 9	0.137 5	0.136 9	0.136 8
张掖地区	1.766 5	1.845 5	1.840 2	1.817 4	1.834 4	1.830 7

数据来源:作者计算

5.5　水资源承载力的判断

5.5.1　不考虑下游下泄水量的情景

通过数据的预测分析,我们形成的基本判断是:张掖地区未来五年用水紧张的形势依然严峻,但是水资源依然是可持续的。

与 26.5 亿 m^3 的可利用水资源总量相比较,未来五年的水资源使用量基本是可以保证的。但是,由于用水总量与可利用总量之间的差额较小,这也意味着张掖地区用水紧张的局势不会根本改变。如果考虑到近十年来旱灾频繁,那么未来五年的水资源格局在应对气候灾害上将是非常有限的。因此,必须精打细算,节约用水,从不同部门加强节水,尤其是对农业节水,应该给予特殊的关注。

部门	2015	2016	2017	2018	2019	2020
总用水量	23.681 0	23.774 9	23.691 4	23.715 9	23.727 3	23.711 5
农业	20.725 1	20.742 9	20.670 6	20.712 8	20.708 7	20.697 4
工业	0.567 0	0.570 3	0.563 4	0.567 0	0.566 9	0.565 8
生活	0.622 4	0.616 2	0.617 2	0.618 7	0.617 3	0.617 7
生态	1.766 5	1.845 5	1.840 2	1.817 4	1.834 4	1.830 7

表 5-6 张掖地区用水预测　　　　单位：亿 m³

数据来源：作者计算

而从不同区县的角度来看，用水地区分布的格局也不会有明显改变。因此，要坚持既有的节水措施，在各个区县加强节水，增强水资源承载力。

区县	2015	2016	2017	2018	2019	2020
山丹县	1.496 1	1.496 8	1.516 5	1.503 1	1.505 5	1.508 4
民乐县	3.658 6	3.754 0	3.832 3	3.748 3	3.778 2	3.786 3
甘州区	8.198 7	8.282 0	8.243 0	8.241 1	8.255 4	8.246 5
临泽县	4.443 4	4.526 6	4.552 2	4.507 4	4.528 7	4.529 4
高台县	4.671 2	4.514 8	4.380 8	4.522 3	4.472 6	4.458 6
肃南县	1.213 0	1.200 5	1.166 5	1.193 3	1.186 8	1.182 2
张掖地区	23.681	23.774 9	23.691 4	23.715 9	23.727 3	23.711 5

表 5-7 不同区县用水预测　　　　单位：亿 m³

数据来源：作者计算

5.5.2　不考虑下游下泄水量的情景

如前所述，张掖市可利用水资源总量为 26.5 亿 m³。此外，自 2003 年以后，每年要强制向下游下泄 9.5 亿 m³，因此，2010—2014 年的用水数据如果加上下游下泄水量，那么张掖本级市水一直是不够用的。

进一步，考虑到下游下泄水量任务，那么，张掖地区的水资源一直是不可持续的。将张掖市可利用水资源总量为 26.5 亿 m³ 扣减下泄任务 9.5 亿 m³，则张掖地区可用水资源总量为 17.0 亿 m³。

5.5.3　水资源可持续的几个层面

如果考虑生态、生态经济等层面，则至少可以画出张掖地区水资源可持续的两个层面：

（1）生态可持续的水资源使用量——绿线

如果仅仅考虑生态、生活与工业用水量，而不考虑农业生产活动①，再加上下游下泄用水量，则构成了生态可持续的用水量。

表5-8中给出了生态可持续的水资源使用量。从数据可以看出，张掖地区生态可持续的水资源使用量大致在12.5亿 m^3。如果与历年农业用水量数据相比较，则这一数字接近农业用水量的60%。农业一直是最主要的用水部门，涉及农户家庭人数多，因此，要实现生态可持续，保证张掖地区的生态用水与下游的用水，则面临与农业争夺水资源的问题会异常严峻。事实上，近年来下游泄水以及生态用水被挤压的问题，与农业用水量大有非常重要的关系。

表5-8　可持续水资源量估算　　　　　单位：亿 m^3

部门	2015	2016	2017	2018	2019	2020
总用水量	23.681	23.774 9	23.691 4	23.715 9	23.727 3	23.711 5
农业	20.725 1	20.742 9	20.670 6	20.712 8	20.708 7	20.697 4
工业	0.567 0	0.570 3	0.563 4	0.567	0.566 9	0.565 8
生活	0.622 4	0.616 2	0.617 2	0.618 7	0.617 3	0.617 7
生态	1.766 5	1.845 5	1.840 2	1.817 4	1.834 4	1.830 7
工业+生活+生产	2.955 9	3.032 0	3.020 8	3.003 1	3.018 6	3.014 2
生态可持续的水资源使用量	12.455 9	12.532	12.520 8	12.503 1	12.518 6	12.514 2
生态经济可持续的农业用水量	14.044 1	13.968	13.979 2	13.996 9	13.981 4	13.985 8

数据来源：作者计算

（2）生态经济可持续的水资源使用量——红线

当然，不考虑农业生产用水，单纯考虑生态、工业与生活用水，在张掖地区面临过于苛刻的条件。比较务实的是，要在水资源可持续的前提下，为农业生产留下一定的发展空间。因此，比较现实的是生态经济可持续的水资源使用量是17.0亿 m^3。

---

① 当然，前提条件是张掖地区不适宜发展农业生产，应该以生态为主导

　　在保证上述用水的前提下，将张掖地区可利用水资源总量扣减生态可持续的水资源量，可以得出生态经济可持续的农业用水总量数据，约 14.0 亿 m^3，见表 5-8。这一数字显然低于近年来的农业用水数字，这说明控制农业的发展规模是生态经济可持续的应有之举。

6 张掖地区水资源合理利用的保障机制研究

综上可知，控制农业用水，保证下游泄水是张掖地区水资源承载力问题的核心。从影响水资源承载力的利益相关者来看，中央、地方、上游、下游、农民家庭之间错综复杂的利益关系，是解决问题的核心。例如，中央要生态，地方要发展是第一对矛盾；上游要水资源，下游也要水资源是第二对矛盾；农民的发展诉求与中央和下游的生态诉求之间的冲突，是第三对矛盾。如果不能理顺这些关系，在政策设计上，形成促进生态可持续的机制，就难以形成上下游生态和谐、地区生态与经济协调发展的局面。结合张掖地区的现实情况，项目提出如下政策建议。

6.1 现代化水网建设

要大力推进江河湖库水系连通，以自然河湖水系、大中型调蓄工程和连通工程为依托，加快构建区域现代化生态水网，不断优化水资源配置格局，进一步提高区域水资源水环境承载力。

落实河湖生态空间用途管制，加强重要生态保护区、水源涵养区、江河源头区生态保护，严格地下水开发利用总量和水位双控，加强地下水严重超采区综合治理，加大水土保持生态建设力度，积极发展水电清洁能源。

6.2 改革和完善水资源管理体制

坚持政府和市场两手发力，进一步深化水利重点领域改革，激发水利科学发展的内生动力。在水价改革方面，把农业水价综合改革作为重要突破口，通过明晰农业水权、完善水价形成机制、建立精准补贴和节水激励机制、完善计量设施等措施，促进农业节水增效。在张掖地区，农业水价综合改革及有效推动，是水资源承载力问题的关键机制之一。

要发挥市场机制在水资源节约保护中的作用。进一步推进水价改革，利用经济杠杆促进水资源节约保护。在节水产品推广、水生态建设、水资源计量监控设施和信息系统运行维护等方面推行政府购买公共服务，制定指导性名录，培育公共服务市场。积极营造有利于水资源节约保护的投融资环境，引导社会资金投入水务基础设施和水生态文明建设。

6.3 水资源使用权的有偿初始分配

尽快明晰初始水权，在行政区域层面，加快推进水资源控制指标逐级分解确认工作，建立覆盖省市县三级行政区的水资源控制指标体系。在流域层面，加快开展江河水量分配，将用水总量控制指标落实到江河控制断面。

严格水资源论证和取水许可管理，完善定额标准，按照水源属性和用水户类型，科学核定取用水户的水资源使用权限，建立用途管制制度，积极推进水资源资产产权制度建设。

在水权水市场建设方面，稳步开展水资源使用权确权登记，建立完善水权交易平台，鼓励和引导地区间、用水户间开展水权交易，积极培育水市场。

在创新水利工程建设管理体制方面，要深化国有水利工程管理体制改革，加快小型水利工程产权制度改革，健全水利建设市场主体信用体系，规范水利建设市场秩序，强化水利工程质量监管。

按照"谁受益、谁负担、谁投资、谁所有"的原则，推进水利工程产权制度改革，积极探索建立以农民用水者协会组织为主的管理体制。国家投资新建的灌溉、喷灌、滴灌等小型农田水利工程探索推行合作经营方式和运行机制，回收建设资金，实行滚动式发展，充分调动各方面管水用水的积极性，不断提高水利工程经济效益。

6.4 建立合理水资源补偿合作机制和水价体系

大力培育水市场，按计划积极开展跨区域、跨行业和取水户间的水权交易试点，稳步推进水资源确权登记试点，因地制宜探索地区间、流域间、行业间、用户间等多种形式的水权交易流转方式和规则。对用水总量达到红线控制指标的地区，新增项目取用水量必须通过水权转换取得，对已超过红线控制指标的地区，不仅要严格控制用水量增长，还用通过水权转换偿还超用水量。加快建立完善有利于发挥市场作用的水权交易平台，明确交易规则，维护良性运行的交易秩序。

全面推行城镇居民用水阶梯价格和非居民用水超定额累进加价制度，积极发挥水价在节水中的杠杆作用。

要按照补偿成本、合理收益、公平负担的原则，积极推进水价改革。建立有利于节水和水资源合理配置、提高用水效率的水价体系。同时应做好相应的社会宣传和舆论工作，把水价改革、水价调整与增加农民负担严格区别开来，尽快撤消县区水费减免的一些不合理政策，最终实现按成本收费，不断完善水价形成机制。合理确定水利工程供水水价成本，按照小步调整、逐步到位的原则，今后五年逐步按成本到位。

同时，要深化灌区水管单位改革，精简机构和精减人员，扩大用水户参与，依法保障农民及广大用水户对水价制定的知情权、参与权和监督权，着力降低供水成本。逐步建立科学的水价形成机制和有效的节水激励机制。

6.5 建立节水防污社会

节水优先是保障国家水安全的战略选择。当前和今后一个时期，要把全面落实最严格水资源管理制度作为重要抓手，着力强化水资源开发利用控制、用水效率控制、水功能区限制纳污"三条红线"的先导作用和刚性约束。坚持以水定城、以水定地、以水定人、以水定产，将水资源承载能力作为区域发展、城市建设和产业布局的重要条件，建立健全规划和建设项目水资源论证制度，严格控制缺水地区发展高耗水产业和项目，从源头上拧紧水资源需求管理的阀门，推动经济结构调整和产业优化升级。

加强入河排污口管理。根据《入河排污口监督管理办法》，加强入河排污口的监督和管理，按照水功能区划、水资源保护规划和防洪规划的要求，加强入河排污口的普查和登记工作，加强对饮用水水源保护区内的排污口检查力度，加强入河排污口的执法监督。禁止在饮用水水源保护区内设置排污口，在河道、水库，新建、改建或者扩建排污口，必须按照严格的程序进行审查审批。对入河重点排污口，水利和环保部门要联合监测，实行定期和不定期检查。政府应加强排污监管，进一步提高污水处理费和排污费标准，对超标、超量排污的企业要采取更加严厉的惩罚措施。实行排污总量控制制度，根据水体纳污总量确定和分配排污量以及排污口设置。

对建立并正常运行的中水回用系统的用户，应减免污水处理费。切实加大对自备水源用户污水处理费和排污费的征收力度。严禁用水单位在城区排水管网覆盖范围内，擅自将污水直接排入水体，规避交纳污水处理费。

6.6　引入虚拟水等管理理念

"虚拟水"是英国学者约翰·安东尼·艾伦在 1993 年提出的概念，用以计算食品和消费品在生产和销售过程中的用水量。2002 年以虚拟水为主题的第一次国际会议在荷兰召开。2003 年 3 月在东京举行的第三次世界水论坛上对虚拟水问题进行了专门讨论。2008 年 3 月 19 日，瑞典斯德哥尔摩国际水资源研究所宣布，提出该概念的约翰·安东尼·艾伦获得 2008 年斯德哥尔摩水奖。

"虚拟水"指在生产产品和服务中所需要的水资源数量，即凝结在产品和服务中的虚拟水量。因此，"虚拟水"用来计算生产商品和服务所需要的水资源数量。这一概念认为，人们不仅在饮用和淋浴时需要消耗水，在消费其他产品时也会消耗大量的水。比如，一台台式电脑含有 1.5t 虚拟水，一条斜纹牛仔裤含有 6t 虚拟水，1kg 小麦含有 1t 虚拟水，1kg 鸡肉含有 3~4t 虚拟水，1kg 牛肉含有 15~30t 虚拟水。

2004 年 9 月，中国科学院院士、中科院兰州分院院长程国栋等在对中国西北地区水资源形势走势进行分析后认为，中国应通过发展虚拟水交易来化解中国特别是西北地区水资源紧缺的状况，建立基于虚拟水战略的区域经济发展战略和政策保障体系。

采用虚拟水管理理念，对西北绿洲水资源承载力的提高具有重要现实意义。在产业布局、产品选择等方面，西北绿洲地区应该为水资源的地区可持续发展做好战略区划与现实举措。

6.7　完善法律体系

深入贯彻落实党的十八届四中全会精神，加快水法治建设步伐。着眼水利立法需求最为迫切的领域，统筹推进农田水利、节约用水、地下水管理、流域管理等重点领域立法进程。积极创新水行政执法体制，严厉打击非法取水、非法采砂、违法设障、污染水体、侵占河湖水域岸线等行为，维护良好的水事秩序。大力宣传节水和洁水观念，使节约水、爱护水成为良好风尚和自觉行动，凝聚全社会治水兴水合力。

6.8 建立稳定可靠的投入保障机制

水利投融资体制改革方面，加大公共财政投入力度，稳定增量、盘活存量、优化结构；用好开发性金融各项优惠政策，加大金融支持水利建设力度；通过投资补助、财政贴息、价格机制、税费优惠等政策措施，鼓励和引导社会资本参与重大水利工程建设。

节水型社会建设要列入同级社会发展规划，要继续增加节水灌溉、灌区节水改造投入，加大对工业节水技术改造的支持力度，积极争取国家对节水项目的扶持。要多方筹措资金，鼓励、吸纳社会资本投入节水项目，拓宽融资渠道，建立健全节水多渠道投融资体制。完善政府、企业、社会多元化节水投融资机制，引导社会资金参与，积极鼓励民间投资，拓宽融资渠道，鼓励民间资本投入节水设备（产品）生产、农业节水、工业技术改造、城市管网改造、污水处理再生利用等项目。

6.9 预测说明

数据预测是报告中核心内容之一。尽管我们熟悉数据挖掘的技术工具，但是数据可得性以及数据质量始终是数据分析的基础，因此，数据分析与预测中始终面临着各种权衡。

6.9.1 生活用水量预测

（1）各区县人口数

从数据可得性来说，我们只取到 2001—2014 年数据。进一步的数据分析表明，从 2011 年开始，似乎统计口径出现变化，各区县的人口在 2011 年均出现明显下降，下降数字在 1 万以上。因此，采用时间序列预测技术不但面临时期短的约束，而且数据质量也值得斟酌。尽管可以对 2011 年以后的数字进行修正，但是我们放弃这种做法。我们试图比较各区县 2001—2010 年的人口平均增长率与 2011—2014 年平均增长率，然后选择平均增长率来进行预测。

（2）生活用水量预测

我们获得张掖地区各区县 2010—2014 年数据，采用时间序列处理存在时段太短的问题。尽管可以采用各区县城乡人口数据结构以及用水定额来测算，然而，由于人口数据的跳跃，我们放弃了这种做法，转而采取近三年数据移动平均方法处理，即 2015 年生活用水数据为 2012、2013 与 2014 年数据的平均值，其余年份依次类推。

6.9.2 农业需水量预测

农业用水量数据预测，采取近三年数据移动平均方法处理。常用的做法是对种植面积与养殖数量进行预测，然后再按照单位用水定额匡算。我们的问题是，从年鉴上得到的数据存在一定的偏差，此外，单位用水定额的估计或者设定也存在过多争议。因此，移动平均值方法处理，尽管存在欠缺，但是差错较少。

6.9.3 工业需水量预测

同上，采取近三年数据移动平均方法处理。

6.9.4 生态需水量预测

同上，采取近三年数据移动平均方法处理。可能的问题是，随着暖干化趋势的加强以及生态欠账的增加，生态需水量数据可能要增加。

7 发展现代农业的必要性和意义

7.1 发展现代农业的必要性

7.1.1 建设张掖绿洲现代农业示范区是张掖大力发展现代农业的迫切需要

发展现代农业是农业发展的根本方向，建设张掖绿洲现代农业示范区是提高农业综合生产能力，增加农民收入的有效途径。素有"金张掖"之美誉的张掖市，历来是国家重要的商品粮油和蔬菜瓜果生产基地。近年来，通过突出区域特色，优化区域布局，培育和发展了制种、肉牛等一批优势特色产业，有力地促进了农业增效和农民增收，农村经济结构发生显著变化。但从建设社会主义新农村的全局和战略高度看，张掖整体状况还属于现代农业的起步阶段，在这样的历史背景下，通过建设张掖绿洲现代农业示范区，探索农民参与式农业科技示范的新模式，探索研究机构与当地政府紧密合作的有效模式，探索绿洲农业示范——辐射推广——产业化的新路子，能有效的推动全市现代农业实现跨越式发展，引领现代农业的发展方向，从根本上提升农业综合效益。

7.1.2 建设张掖绿洲现代农业示范区是加速农业科技创新和成果转化的根本措施

张掖独特的地理及自然条件，是良好的农业科研示范基地，加之在国内比较领先的农业生产环境和产业基础，以及具有丰富农业生产经验技术的农民，都为农业科技示范、科研成果就地转化提供了广阔天地和成熟的农业产业工人。

随着经济体制改革的不断深入，国家对"三农"支持力度逐年加大，科研及科研成果的转化迫在眉睫，很多科研单位都在寻求科研及科研成果转化的合作伙伴。设计标准规范、设施先进齐全、基础条件优越的农业示范园区，是科研成果从实验室走向农业生产实践的有力平台。科研单位有强烈面向经济建设的主动性，地方政府更有强烈依靠科技进步振兴经济的积极性。

张掖绿洲现代农业示范区的建设，为农业科技创新和成果转化创造一个环境，搭建一个平台，将会促成更多的新技术、新产品应用于现代农业建设，在应对国际金融危机、促进现代农业建设、拓宽农民增收渠道等方面做出更大贡献。

7.1.3 建设张掖绿洲现代农业示范区是推动干旱绿洲地区农业发展的重要要求

加速传统农业向现代农业的转变，需要科学技术的支撑。通过建设张掖农业科技示范园，对现代农业高新技术进行集聚创新、示范、产业链推广、国际合作等工作，有效解决制约现代农业发展的技术瓶颈，有利于农业科技创新和农业高新技术产业化的开发，促进科技成果的转化，立足张掖，面向西北，走向世界，扎实做好充分发挥示范、辐射、带动作用，在发展干旱绿洲地区现代农业、建设社会主义新农村方面做好表率，不仅是张掖和甘肃自身发展的需要，也具有国家层面的战略意义。

7.1.4 在干旱区规划建设节水型现代农业示范区，是实现干旱区农业节水的重要路径，是实现农业可持续发展的重要措施

张掖独特的地理及自然条件，加之在国内比较领先的农业生产环境和产业基础，是良好的农业科研示范基地。地方政府有强烈依靠科技进步振兴经济的积极性。张掖整体状况还属于节水农业发展的起步阶段，在这样的历史背景下，通过建设张掖节水型绿洲现代农业示范区，解决农业节水与农业经济发展之间的矛盾，为农业科技创新和成果转化创造一个环境，搭建一个平台，促成更多的新技术、新产品应用于现代农业建设；充分利用国际、国内快速发展的大环境、战略机遇和相关扶持政策，将张掖市的区位优势、资源优势转变成经济优势，推进张掖市农业及其相关产业的快速发展。

7.2 发展现代农业的意义

7.2.1 张掖农业的发展需要通过科学研究明确发展方向和重点

科技进步是推动现代农业发展的根本力量，把农业科技成果转化为现实生产力，是农业科技人员和农民群众的共同需求。同时，组织建立农业科学家与农户参与的科学示范创新机制，展现了张掖市注重科技领先和知识创新的重要价值。

通过本次研究，明确了张掖市今后 11 年农业发展的思路和方向，提出若干重点任务，通过试验研究，合理安排和重点实施，解决支柱产业前期培育缺失，缺乏拥有自主知识产权的产品；农业产业链条不完整，没有形成优势品牌；农产品生产标准化程度低，安全追溯体系缺失；农牧业废弃物处理和利用方式简单粗放等现实问题。充分利用国际、国内快速发展的大环境、战略机遇和相关扶持政策，将张掖市的区位优势、资源优势转变成经济优势，推进张掖市农业及其相关产业的快速发展。

7.2.2 建设张掖绿洲现代农业示范区有助于形成完整的科研试验体系

深入贯彻落实科学发展观，加强科技创新，加快成果转化，从大科技、大农业、大市场、大效益出发，按区域经济发展要求，建设综合示范基地，形成完整的农业科研实验体系，建设张掖农业示范基地是地方经济可持续发展的必然选择。

可促进农业和农村经济发展，为实现国家"增产一千亿斤粮食"提供强有力科技支撑的重大战略决策和落实国务院办公厅关于应对国际金融危机保持西部地区经济平稳较快发展的意见，加强在西部地区部署科技示范基地，围绕西部地区面临的共性关键问题开展科技攻关，解决存在不可忽视的技术瓶颈。扶持优质农产品生产基地建设和农业产业化发展，提高产业化水平，打造国家绿洲农业科技示范成果转化基地。

7.2.3 建设张掖绿洲现代农业示范区有助于引导张掖实现跨越式发展

结合张掖市和甘州的现状和发展规划，因地制宜、重点突出、逐步推进、讲求实效，编制本园区规划，符合国家关于加快发展现代农业、扎实推进社会主义新农村建设、积极推进城乡一体化的总体要求，是全面贯彻落实中央 1 号文件精神的具体行动。张掖市规划建设现代农业科技示范园区，为农业科技进军西北打基础，是深入推进西部大开发的重要举措，是强化农业基础地位，强化农业科技支撑和聚集人才资源的有力措施。

农业可持续发展需要建立在更高科学技术水平基础上，通过科技示范园区的建设促进现代农业的发展，为全市现代农业发展提供科技示范，择优扶持一批农牧业特色产业基地，推进优势产业、优势农产品向优势区域集聚，提高特色农牧业的发展水平，最终实现国家生态、粮食安全目标与农业增收农民增效目标、当地发展目标的统一。

8 指导思想、原则、目标和核心任务

8.1 指导思想

以新发展理念为指导，借助中国农科院的科技力量，按照"多采光、少用水、节省地、高效益"的原则和现代农业技术产业体系要求，搭建张掖现代农业科技示范的平台，采用"引进研发、试验、技术集成、示范、辐射推广"的技术路径，培育研发一系列可以在同类型区域大规模推广应用的新品种（系）、新产品、新技术，示范区成为农业高科技的集散地，通过示范区的辐射带动，改变传统生产方式，用先进的物质条件装备农业，用先进的科学技术改造农业，用先进的农产品基地支撑农业，用先进的组织形式经营农业，用先进的管理理念指导农业，示范区农民成为高素质的科技型农业经营者，农业主导产业得到升级，农村经济得到发展，实现农业增长方式的根本转变，促进农业和农村经济的协调快速发展，把示范区建成西北干旱地区现代农业科技示范的高地。

8.2 基本原则

8.2.1 以农业试验示范为主的原则

以农业试验示范为重要任务，国内外科技人员入区进园，借助现代农业示范区的农业试验示范平台和优惠的政策，开展农业试验示范、标准化生产示范，带动河西走廊地区农业经济的全面发展。

8.2.2 以科技成果转化为主的原则

农业科技成果转化为现实生产力，可以有效解决制约现代农业发展的技术瓶颈，有利于农业科技创新和农业高新技术产业化的开发，促进科技成果的转化，是农业科技人员和农民群众的共同需求。

8.2.3 生态环境保护与可持续发展的原则

按照国家生态功能区总体要求，示范区的规划建设要注意经济效益、社会效益和生态效益的三统一，要在生态环境保护与可持续发展原则的前提下，进行规划实施。

8.2.4 尊重农民意愿，保护耕地的原则

建设农业科技示范区，需要集中连片的高标准农田建设和部分建设用地，不可避免要对耕地进行调整、对农民土地承包经营权进行流转。在这种情况下，必须强调要严格保护耕地，不得随意改变土地性质和用途，严禁各种圈地和滥占耕地行为；必须切实尊重农民意愿，维护农民土地承包权益，严禁强迫农民流转土地承包经营权。

8.2.5 因地制宜、高标准的原则

规划必须根据张掖农牧业发展的现状、主导产业、特色产业的经营水平和经济社会的发展目标，既要脚踏实地，从实际出发，又要展望未来，高起点、高标准规划。

8.3 发展思路

张掖现代农业示范区实施核心示范区、生产示范区、生产示范区的三区联动，形成"一核四基地一走廊"的空间布局。核心示范区构建"一轴两翼三板块"的空间布局，生产示范区建设三大农业生产基地和加工物流基地，形成"3+1"四基地的空间布局；生产示范区构建河西走廊辐射带。形成一批在省内乃至国内市场具有较强影响力和竞争力的特色优势农业产业带，逐步把本区域建设成具有区域特色鲜明、产业优势突出、区域布局合理、生态环境优美、农民生活富裕的绿洲现代农业示范区。

8.3.1 用科学技术武装强化农业

强化示范区农业技术集成与创新，示范区按照成片开发、整体推进的原则，以良种良法配套为技术重点，引进一系列可以在同类型区域大规模推广应用的新品种（系）、新产品、新技术，采用"引进、研发、试验、技术集

125

成、示范、推广辐射"的技术路径，推进农业标准化、规模化、种养加一体化工程，强化"科技创新、转化应用、人才培养"三个关键，实现"农业生产良种化、农业技术集成化、农田水利标准化、劳动过程机械化、生产经营信息化"的现代农业。

8.3.2 用城乡一体化联动农业

按照城乡经济融合和联动发展的要求，借助张掖城市的大发展，打破城乡二元结构，充分吸取工业的管理理念和城市的资金、市场、信息等优势，强化农田水利建设和耕地质量建设，加快改造中低产田，建设旱涝保收的高标准农田，稳定以玉米制种为主的农作物种植面积，确保市场良种有效供给和国家种业安全，积极推进高原蔬菜产业和金张掖肉牛养殖标准化建设，加快发展绿色农产品加工物流产业，推进农产品生产、加工、流通一体化经营，以加工物流促进农产品销售畅通和增值，培育一批国内外公认的农产品知名品牌，实现农业与城市化、工业化的联动协调发展。

8.3.3 用创新机制与体制提升农业

不断创新充满活力的适合当地经济发展的新型农业机制与体制，集聚先进农业产业要素，释放和形成新的生产力，提升农业的竞争力。健全完善农业科技创新、农业技术推广和农民教育培训三大体系。深化农业科技体制改革，鼓励营造农民、合作组织、企业、科技人员全方位全社会的创新环境，提升现代农业技术水平，着力农业人才培养，建立农村实用人才培训体系，培育新型农业经营主体；变革以农业技术推广为主的农业技术服务方式、加快构建以公共服务机构为依托、合作经济组织和龙头企业为基础、其他社会力量广泛参与，公益性服务和经营性服务相结合、专项服务和综合服务相协调的新型农业社会化科技服务体系，促进示范区农业可持续发展。

8.3.4 用"走出去"发展战略拓展农业

要积极实施"走出去"的发展战略，既要注重本地资源的开发利用，也要注重周边地区资源的利用，扩大对外辐射、带动和合作，拓展农业发展的空间，通过技术、资金、管理、品牌的优势，辐射带动河西、新疆绿洲等地区，建立优质农产品供应基地，参与农产品市场交换，提高农业外向度，实现农业外向扩张，既满足张掖人民生活的需要，又为社会提供更多的农产品。

8.3.5 用节能低碳理念推动农业

坚持"节水节地节能低耗"的原则，实行绿色标准化种植，生态健康养殖，推广实施节水农业、循环农业、洁净生产、生态环保等技术，使农业生产与生态保护协调发展。大力发展节水型绿色经济，把节水型基地建设与改善农业生态环境有机结合起来，加大农业节水力度，建设符合节水型现代农业要求的农业生产基地；大力发展集约经济，节约用水，把节约的水用于扩大土地种植面积，最大限度地提高资源利用率和土地产出率；大力发展生物质经济，推动农产品初加工后的副产品及其有机废弃物的系列开发，实现增值增效；大力发展循环经济，引导龙头企业、农户努力实现低消耗、低排放、高效率，促进再生资源的循环利用和非再生资源的节约利用。

8.4 建设目标

8.4.1 总体目标

用几年的时间，到 2025 年，示范区建设"一个核心、四个基地"，创建全国一流、世界知名的现代农业示范区，成为以玉米制种为主的农作物制种基地，稳居全国玉米制种第一位，成为全国第一个高效节水农业标准化生产示范区，全国重要的肉牛产业化繁育基地和新型农民培训示范基地。实现"三大转变、六个提升、七大样板"的总体目标，通过示范辐射，带动整个河西走廊生态农业产业带。

8.4.1.1 核心区的总体目标

以搭建现代农业试验示范平台，突出试验性、展示性，为国内外农业科研院所（校）提供标准化的农业试验场，成为国内外农业科学家、研究人员从事绿洲现代农业试验示范的集散地，通过"政、产、学、研"结合，提升和强化核心区引进、集成、运用、示范推广新品种、新技术和新装备的功能，建立健全完善的与张掖农业发展相适应的、具有国内先进水平的农业科技创新体系，基本确立在干旱绿洲地区农业科技创新的核心地位，使之成为全国乃至世界知名的现代农业科技试验示范基地，打造国际绿洲现代农业试验示范"新基地"。

8.4.1.2 示范区示范基地的目标

突出示范性、聚集性，承接核心区科研成果，实现科技成果转化，发挥对核心区试验、中试、孵化的现代农业新技术、新品种和集成创新的新成果进行规模示范的功能作用。以百万亩制种生产基地、百万亩蔬菜生产基地、百万头肉牛生产基地，百亿元产值的农产品加工物流基地的四个标准化农业生产加工物流基地为规划建设的标准化农业生产功能区，制定生产标准、生产流程、运用高新技术，构建各产业由种业——标准化种养——加工物流的现代农业产业体系。

8.4.2 具体目标

8.4.2.1 第一阶段目标（2011—2015 年）

第一阶段核心任务是建基地，抓培训促生产。在基地建设方面，一是建设现代农业科技示范核心区，解决制约张掖农业发展的关键技术瓶颈，取得重大突破，建立健全完善的与张掖农业发展相适应的、具有国内先进水平的农业科技创新体系；二是建设现代农业标准化生产示范区，标准化绿色农产品生产示范区包括制种基地、蔬菜基地、肉牛养殖基地；三是重点完成现代绿色农产品加工物流园建设；四是构建现代农业综合服务体系，包括农业公益性服务体系创新示范基地、新型农民培训示范基地。

在示范区生产条件方面，投资建设田网、水网、路网、林网、电网"五网合一"的高标准农田。

在示范区生产技术方面，加强农业科技创新与转化推广，示范区以现代科学技术改造农业，实现"生产五化"，即达到农业良种化、技术集成化、农业水利化、农业机械化、农业信息化。

在示范区生产组织方面，在农民自愿的基础上，鼓励发展示范区"蔬菜专业合作联社、制种专业合作联社、畜禽养殖专业合作联社"，各基地组织成立专业合作社，把"土地、农民组织、资金、基层党组织"融入现代农业产业体系，构建示范区"四结合"的生产组织模式。

在示范区生产经营方面，以现代生产经营方式推进示范区建设，实现"经营五化"，即生产基地标准化、生产基地规模化、生产基地绿色化、加工基地集聚化、产品销售品牌化。

8.4.2.2 第二阶段目标（2016—2020 年）

第二阶段核心任务是树品牌、拓功能促提升。树立"张掖农业品牌"，示范区由现代农业单一的生产功能为主向生产、生态、社会功能拓展，完成辐射带动河西走廊现代农业产业体系的建立，形成辐射带动周边的示范推广新格局，完成现代农业示范区的整体建设，确保"三大转变、六个提升、六大样板"的总体目标的实现。

（1）实现示范区农民、农业、农村的三大转变

示范区农民由传统农业生产者向现代农业示范者、农业标准化生产者、科学技术实践者和市场经营者多角色的转变，培养出新时代的知识型、产业型、经营型的新型农民；示范区农业由大田、简易设施化的生产方式转变为园区化、设施化、工厂化的生产方式；由单一的"公司+农户"的经营模式转变为"公司+科研+基地+合作组织+市场"的产业链发展模式；由确保农产品的有效供给转变为确保农产品有效供给和质量安全的转变；由立足于本地区拓展农业空间转变为走出去，寻求生产示范区农业发展的更大空间；由单一重视农业的生产功能转变为重视农业的生产功能、生态功能和社会功能。农业产业化发展逐步由数量扩张向质量提升转变，由松散型利益联结向紧密型利益联结转变，由单个龙头企业带动向龙头企业集群带动转变；示范区农村生活方式由较低水平生活、分散居住向生活宽裕、村容整洁、乡风文明的高水平转变。

（2）六大提升

用10年时间实现示范区六个方面的提升。提升示范区农业科技整体水平；提升示范区农产品标准化生产能力；提升示范区生态环境建设能力；提升示范区农户的整体素质；提升示范区农业公益性服务水平；提升示范区在攀西、川滇黔金三角地区农业的示范作用。

（3）建成六大样板

用10年时间打造院地农业科技合作的窗口。利用张掖的区域资源优势、劳动力优势，利用中国农科院等科研单位的农业技术优势、人才优势，双方优势互补，打造现代农业科技发展平台，形成共赢的发展态势。

建设绿洲农业试验示范的基地。通过建设，使规划区具备先进完善的农业科研试验条件，吸引国内外农业专家入区开展相关农业高新技术的研究活动，推出新品种、新技术和新理论；将规划区内外产生的新品种、新技术、新材料等农业科技成果集中示范，在示范应用的过程中，将科技成果、农业高新技术、经营、管理的成功经验集成创新，为大面积多区域应用提供样板。

梳理农业科技孵化辐射的源头。结合区域农业主导产业发展，以提高自主创新能力为目标，建立与现代农业发展相适应的农业先进适用技术引进机制，组装集成和熟化一批农业先进适用技术成果；争取建设一批国家级、省级重点实验室和工程技术研究中心等创新平台落户规划区。发挥院地共建作

用，密切科研机构与规划区的产学研联系，推动科研机构科研平台向规划区聚集，打造张掖绿洲现代农业示范区的科技创新能力和辐射能力。

构建绿洲产品标准生产的中心。标准化农产品生产示范是张掖绿洲现代农业示范区一项主要功能。以原有的栽培作物为主，引进适于市场销售的新品种和标准化生产技术，在规划区集成示范，标准化生产示范的产品标准为无公害，部分达到绿色农产品和有机农产品，成为绿洲农产品标准化生产的示范中心。

搭建西部农村金融创新的平台。农户融资渠道畅通是张掖绿洲现代农业示范区健康发展的关键。依托张掖绿洲现代农业试验规划区的平台，创新金融产品。争取中央政府的支持，将张掖市纳入金融创新试点范围，探索西部地区农村金融创新的路子，设立村镇银行，建立张掖绿洲现代农业示范区农户小额信贷投资公司，允许有条件的农民组建专业合作社开展信用合作，待条件成熟，组建河西绿洲农业合作银行。

成为绿洲现代农业论坛的会址。以"绿洲·科技·农业"为主题，以"发展低碳经济，保护湿地，农业节水，绿洲农业发展模式、生态与农业协调发展"为主要内容，在张掖市择期举办黑河国际绿洲论坛。在规划区内建设黑河国际会展中心，作为黑河国际绿洲论坛的永久性会址。

9 功能定位与总体布局

9.1 功能定位

按照建设高标准农业示范区的总体构想以及张掖所处自然气候环境条件的特点和地理优势，示范区立足张掖、辐射河西走廊经济区，坚持"提升创新能力，加强交流合作；扩大发展规模，推动重点突破；促进集聚发展，构建支撑体系"，建设玉米制种生产基地、高原蔬菜生产基地、金张掖肉牛生产基地等特色优势农产品产业化基地，提升特色优势农产品竞争力为目标，强化产品的优势集成、资源重组与产业整合，做大特色、做强优势，联动发展农产品加工流通业，形成产品之间、产业之间特色优势鲜明、层次分明的高效益的河西现代农业产业体系。

9.1.1 标准化生产功能

现代农业示范区通过集成示范使用现代工程技术、现代生物技术、现代水肥管理技术、现代生物防治等技术，生产出高效、优质、无公害绿色食品，满足张掖市以及外调区人民的生活需求。

9.1.2 农业科技示范功能

将示范区内外产生的新品种、新技术、新材料等农业科技成果集中示范展示，在示范应用的过程中，将科技成果、农业高新技术、经营、管理的成功经验集成创新，为河西地区大面积辐射推广提供示范样板。

9.1.3 教育培训功能

对基层农业干部、广大农民骨干开展各种不同层次、不同形式的农业管理技能培训、专业技能培训、绿色证书培训；提高当地农业基层干部、广大农民骨干农业综合素质，着力培育一大批种养业能手、农机作业能手、科技带头人等新型农民；成为大学生就业实习实训，建立稳定的、满足试验性教学和就业前实习实训基地。

9.1.4 劳动就业功能

挖掘农业内部增收潜力，发展高效农业，支持农民参与示范区建设和产业化经营。示范区内充分利用示范区内农户土地，与企业、科技人员合作参与试验示范，使得农户变成产业工人，示范区的建设带动商贸流通服务业和休闲观光旅游业等产业的发展，在延长产业链的同时，增加劳动力就业空间，增加农民收入，改善民生，促进社会和谐发展。

9.1.5 生态保护功能

示范区的建设充分运用"节能减排"和循环农业理念，推进农业节本增效，按照减量化、资源化、再利用的发展理念，推广"水资源节约与有效利用、能源节约与综合利用、土地资源节约与合理利用"的集成技术，充分利用农业废弃物资源，运用生物技术将农业废弃物资源转化为肥料，运用于农业生产中，探索低碳经济发展模式。

9.1.6 生态旅游、观光功能

现代农业示范区，既保持农业的自然属性，又有新型农业设施的现代气息，加上生态化、精品化的整体设计和常年进行名特优瓜果、蔬菜和大田作物，以及畜禽的展示示范，形成融科学性、艺术性、文化性为一体的人地合一的现代休闲观光景点。通过现代农业优美的自然景观和生态环境、浓郁的田园风光、现代生产设施与科学技术及安全优质的生态产品吸引城市居民观光、旅游。

9.2 总 体 布 局

立足张掖市自然地理条件、农业资源、土地资源、气候特点以及区位与交通条件，根据张掖现代农业示范区的总体思路和目标，把握国内外农业产业演变特征，实施核心示范区、生产示范区、辐射带动区的三区联动，围绕示范区主导产业、形成以产业链为线条，以农业生产基地为载体，示范新品种和主推技术，构建各产业由示范核心区——生产示范区——加工物流园——生产示范区农产品生产区相互连结的现代农业产业链。形成"一个示范核心区、三个标准化生产示范基地、一个农产品加工物流园"的产业链布局格局，依次向河西地区扩大辐射带动，构建张掖现代农业示范区"一核四基地一走廊"的空间结构布局。

9.2.1 "一核"——核心示范区

核心示范区以全市主导产业为主线，按照产业聚集度，规划布局在产业集聚区，形成为"一轴、两翼、三版块"的空间布局。

"一轴"是以张党公路为中心，向东西两侧各规划 500m，北以 G45 线高速公路起，沿张党公路向南到大满干渠，全长 12km 为规划区一主轴。规划为节水型标准化生产规划区、农业试验区、生态试验规划区三大板块。

"两翼"是沿张党公路中轴向东西两侧各规划 500m，再向西延展到雷寨村主干道（包括有陈家墩村、三十店村和雷寨村），向东延展到党寨村主干道（包括有汪家堡村和党寨村），两翼北界为盈科干渠，南界为水务局农场南侧，为农业示范区，称为"两翼"。

"三板块"按规划功能，从北向南分为节水型标准化生产示范板块、农业试验示范板块、生态农业试验示范板块。考虑到动物防疫卫生和国家畜禽建设规范要求，节粮型畜禽标准化养殖试验示范功能分布在试验示范板块、生态农业试验示范板块，宜间隔安全距离，成点状分布，相距独立建设。

9.2.2 "四基地"——生产示范区

依据自然地理条件、农业资源、土地资源、气候特点、区位与交通条件和现有产业基础，产业布局为川水灌区玉米制种产业区、川水灌区优质蔬菜产业区和优质肉牛繁育加工产业区三大农业生产板块和农产品加工物流园，构建"3+1"四板块的空间布局。

（1）川水灌区玉米制种产业区

以甘州、临泽、高台川水灌区为主，全力建设中国张掖玉米制种基地，建成 80 万亩标准化玉米种子生产基地，生产高质量种子 3.5 亿 kg，使张掖玉米种子占到全国大田玉米用种量的 30%，打造中国一流、世界知名的玉米种子繁育加工基地。

（2）川水灌区优质蔬菜产业区

以甘州、临泽、高台川水灌区为主，建设设施反季节蔬菜、加工型蔬菜、高原夏菜生产基地，示范推广无公害标准化生产技术，面积达到 50 万亩，生产无公害蔬菜 10 亿 kg。

（3）优质肉牛繁育产业区

以提高综合生产能力为核心，以良种繁育体系建设、育肥基地建设、龙头企业发展、饲草料开发、市场体系培育、疫病防控体系建设、动物疫病可追溯体系建设为手段，建设中国金张掖肉牛繁育加工基地，规模达到100万头以上。在规模养殖和区域养殖密度上处于全国先进水平。

（4）农产品加工物流园

选择在张掖甘州区，建设现代化的农产品加工物流园，满足示范区良种、蔬菜、肉类加工、储藏的功能。

9.2.3 "一走廊"——辐射带动区

甘肃河西走廊地区共有五个地级市，东有武威市，中有张掖市，西有酒泉市，人口为491万人，占全省的18.6%；国土面积281 597 km²，占全省的65%；河西走廊灌溉农业区是甘肃省重要农业区之一，是我国西北内陆著名的灌溉农业区，也是西北地区最主要的商品粮基地和经济作物集中产区。耕地面积为1 050万亩，占全省的1/6，农作物播种面积为71.62万hm²，占全省的18.2%；它提供了全省2/3以上的商品粮、几乎全部的棉花、9/10的甜菜、2/5以上的油料、啤酒大麦和瓜果蔬菜。平地绿洲区主要种植春小麦、大麦、糜子、谷子、玉米、及高粱、马铃薯，油料作物主要为胡麻。河西畜牧业发达，张掖绿洲现代农业示范区形成向东西方向辐射的态势。

9.3 核心任务

9.3.1 实施作物良种科技行动

引进国家级项目和人才，做好玉米等粮食作物优质、专用品种的选育及制种技术开发，提高产品市场竞争力和作物良种保障能力。加强玉米制种科技示范推广工作；大力支持蔬菜、果林等名特优新品种的引进与改良，积极引进国外名特优蔬菜、水果新品种，加强筛选与培育；支持旱地牧草、林木种苗等良种选育、繁育及引种工作。

9.3.2 实施高效养殖业科技行动

围绕金张掖肉牛、肉羊的引种与改良工作引进国家级专家。引进国外优良牛羊品种，建立核心群和良繁体系，改良本地牛羊品种，建立优质肉牛、肉羊的生产基地。加快草地资源、秸秆资源的开发，建立牧草生产示范基地。

大力推动多元杂交猪的选育与应用，建立良种繁育体系，发展多样化品系，实现种猪产业化。加强规模化养猪安全高效饲料添加剂及饲料资源高效利用研究，加强疫病防治技术研究与开发，加强规模化节粮养殖产业化示范。

9.3.3　实施农业高新技术产业化科技行动

引进国家级项目和人才，加强对马铃薯、蔬菜、牧草、观赏林木等作物的组织快繁技术开发，加速试管苗的研究及推广应用。

加快信息技术在农业上的应用开发。重点开发市、县区三级农村信息计算机网络服务体系，建立农作物病虫、草害预测预报系统和土壤测、配、产、供、施一体化网络体系，支持农作物生产管理专家系统及"3S"技术在农业中的应用研究，加大农业信息化程度，推进农业现代化进程。

9.3.4　实施绿色标准化农业科技行动

开展农业标准化建设，将千家万户分散经营的农民组织起来，通过组织化催生规模化，通过规模化促进标准化。优先支持标准化生产基地建设，围绕制种、蔬菜等绿色食品生产基地建设，加快建立优质设施葡萄等优质水果品种生产基地。建立农产品生产记录制度，健全农产品质量安全控制体系，为农民提供有针对性的生产技术服务。完善农业生产标准体系建设，制订绿色食品安全标准和生产技术规程，建立健全绿色食品检测技术体系与网络。

9.3.5　实施农业生态环境建设科技行动

加强绿洲地区的节水农业发展，加速研究、示范和推广节水灌溉技术与设备，开展以节水为重点的农业灌溉、水肥、种苗综合技术改造，支持节水、节灌等新技术的示范与推广，支持水资源综合开发与合理配置技术研究，提高农业水资源利用率。

9.3.6　实施农业科技基础建设科技行动

加快建设现代农业试验规划区，积极发展设施农业、花卉产业、园艺产业等产业，加强规划区技术创新、机制创新、环境创新、产业示范等主体功能建设。申请建设省级玉米制种工程技术中心及蔬菜制种工程技术中心，轻工产品原料、肉牛、肉羊、生猪、獭兔等综合实验室。建设绿色农产品检测中心，完善农产品质量标准体系，建立绿色农产品保证体系，促进绿色农产品产业快速发展，为提升农产品质量和国际市场竞争力提供技术支撑。

9.3.7 实施"黑河国际绿洲论坛"科技活动

以"绿洲、科技、农业"为主题，张掖市人民政府发起，在张掖市择期举办"黑河国际绿洲论坛"，由农业部、水利部、科技部、国家林业局、国家外专局、甘肃省人民政府、国务院政策研究中心共同主办，中国科学院、中国社科院、中国林科院、中国水科院协办，张掖市人民政府、中国农科院承办，中国农学会、中国湿地协会、中国绿色协会等支持。以"发展低碳经济，保护湿地，农业节水，绿洲农业发展模式、生态与农业协调发展"为主要内容。

10 绿洲现代农业科技园区

按照总体构想和布局原则，张掖绿洲现代农业示范区实施三区联动，即绿洲现代农业核心区、生产示范区（产业聚集区）和辐射带动区。其中，绿洲现代农业核心区主要开展农业科学试验研究与农业科技成果示范。

10.1 总体布局

按规划区地理位置和功能需要，规划区规划为"一轴、两翼、三版块"。

"一轴"是以张党公路为中心，向东西两侧各规划500m，北以G45线高速公路起，沿张党公路向南到大满干渠，全长12km为规划区一主轴。规划为节水型标准化生产规划区、农业试验区、生态试验规划区三大板块。

"两翼"是沿张党公路中轴向东西两侧各规划500m，再向西延展到雷寨村主干道，（包括有陈家墩村、三十店村和雷寨村）向东延展到党寨村主干道（包括有汪家堡村和党寨村），两翼北界为盈科干渠，南界为水务局农场南侧，为农业示范区，称为"两翼"。

"三板块"按规划功能，从北向南分为节水型标准化生产示范板块、农业试验示范板块、生态农业试验示范板块。考虑到动物防疫卫生和国家畜禽建设规范要求，节粮型畜禽标准化养殖试验示范功能分布在试验示范板块、生态农业试验示范板块，宜间隔安全距离，成点状分布，相距独立建设。

10.2 建 设 内 容

10.2.1 农业试验示范板块

10.2.1.1 规划概况

（1）功能概述

在试验示范板块建设农业试验的农作园、园艺园、国际园，一个供专家室内实验的公共实验室和一个寓管理、生活、展示为一体的管理中心，能同时容纳 100 位科技人员居住。

（2）规划区域

沿张党公路中轴向东西两侧延展，向西延展到雷寨村主干道，向东延展到党寨村主干道，两翼北界为盈科干渠，南界为水务局农场南侧，为农业试验示范板块，该板块分为试验区和示范区。

（3）规划面积

占地面积 16 800 亩，其中包括耕地 14 319 亩，公共实验室建设用地 10 亩、管理中心建设用地 310 亩、设施园艺建设用地 400 亩、试验配套用地 50 亩、畜禽养殖建设用地 325 亩、保留镇西林场林地 580 亩，该规划核心区村落集中后用地 613 亩、中轴道路绿化占地 193 亩。

10.2.1.2 分区概况

（1）农业试验小区

规划区域：从盈科干渠向南到下寨支渠沿张党公路中轴向东西两侧各规划 500m 为农业试验区。规划面积：4 057 亩，其中耕地 2 657 亩，公共实验室建设用地 10 亩、管理中心建设用地 310 亩、设施园艺建设用地 400 亩、试验配套用地 50 亩、保留镇西林场林地 580 亩。农业试验区是开展绿洲现代农业科技研发的核心，即在农户的土地规划，建设成符合农业试验的农作园、园艺园、国际园，在农业试验区内的镇西林场建设一个供专家室内实验的公共实验室、一个寓管理、生活、展示为一体的管理中心和供试验的设施园艺温室、试验配套的农作站。

①农作园。功能概述：农作园是为国内外科研单位、农业院校、农资企业开展大田作物遗传育种、栽培耕作等学科的试验研究规划的研究基地。建设主要内容：玉米试验研究区、大麦试验研究区、马铃薯试验研究区、小麦试验研究区、加工番茄试验研究区和农作站。规划面积：1 957 亩。规划区

域：位于试验区张党公路东侧。

②园艺园。功能概述：园艺试验区为国内外科研单位、农业院校、农资企业提供设施园艺试验场地及良好的试验条件。为促进西部园艺生产发展建立科研基地，打造园艺高新技术产品研发的平台。建设主要内容：设施园艺试验园、特色作物试验园、新品种引进实验园。规划面积：1 200亩规划区域：设施园艺试验园在镇西林场和水务局农场地界内，特色作物试验园以盈科干渠以南500m，张党公路西侧500m，新品种引进实验园以特色作物试验园以南500m，张党公路西侧500m。

③国际园。功能概述：国际园是国际农业合作园的简称，是为来自世界各国的农业科学家搭建的合作试验研究平台，外国科学家可与我国科学家合作或独自开展农业科学试验示范研究。建设内容：国际园设立国际农业合作园联络协调办公室，负责国际农业合作事务。国际园的具体试验示范项目进入农作园、园艺园、畜牧园和示范区域，不单独设区。发展方向：由国外农业科学家和我国科学家紧密合作，将张掖绿洲现代农业示范区建设成为试验示范水平高、凸显绿洲特色的国际绿洲农业试验示范高地。主要开展包括种子、种苗引进；有机肥、生物农药研发；农作物栽培技术、施肥技术、节水技术和畜禽标准化养殖技术研究等。

④公共实验室。规划面积：占地10亩。建设规模：建设面积为3 200 m²。建设目标：农作种植技术研究室，是为进入园区的国内外科研单位、农业院校、农资企业提供的分析、测定研究平台，可满足多个专业的基本工作要求；主要是满足种植专业所需的植物营养、栽培技术、组织培养、种子检验、农业气象、质量检测等项目；建设面积为2 000m²；建设地点为镇西林场；发展方向：建设成为设备先进、管理方便、保障到位、世界知名的绿洲农业科研条件，为研究者提供较全面的设备设施条件，提高研究工作的效率和效益。建设内容包括：植物营养试验室、栽培技术试验室、组织培养试验室、种子检验试验室、农业气象试验室、质量检测试验室。

⑤畜禽养殖技术研究室。由育种实验室、饲料研究实验室、质量检测实验室、胚胎移植中心、疾病诊断与免疫实验室组成。畜禽养殖中心实验室的功能主要是保证示范区及辐射基地畜禽新品种引进，高新技术研发试验与推广，畜禽质量检测等，为规模化发展畜禽养殖业提供技术支持；主要任务与发展方向：能够进行畜禽育种实验（含性能测定）、饲料研究实验、质量检测实验、胚胎移植试验、疾病诊断与免疫实验等。未来将发展技能从事养殖业基础研究实验，也能为示范区养殖技术推广提供技术支撑。能够进行分子

育种、免疫、疾病诊断、品种引进、饲料配比等试验内容；主要建设内容：畜禽育种试验室、畜禽性能测定试验室、畜禽的免疫实验室、日粮科学配制与饲料化验中心、疾病快速诊断与治疗中心、畜禽品质监督检验中心、胚胎移植与人工受精中心；畜禽养殖中心实验室规划面积 1 200m²。

（2）农业示范小区

规划区域为从试验区东西界 500m 处，再向东西延展，西延展到雷寨村主干道和东延展党寨村主干道为农业示范区；规划内容主要是给国内外科研单位、农业院校、农资企业提供大田农作物示范基地，园艺作物示范基地，标准化养猪基地。考虑到动物防疫卫生和国家畜禽建设规范，畜禽示范基地建在农业示范区东侧园艺场内，宜间隔安全距离，独立建设；占地面积 11 987亩，其中大田农作物示范基地占地 7 162亩、园艺作物示范基地占地 4 500亩、设施养猪示范基地占地 325 亩（包括沼气工程占地 25 亩）。

①大田农作物示范基地。规划用地 7 162亩，在两翼的南侧。重点示范内容有：杂交玉米制种技术示范、玉米节本增效高产优质栽培技术示范、马铃薯微型薯生产技术示范、马铃薯一级种薯生产技术、马铃薯反季节设施栽培技术、小麦制种技术；主要建设内容：大田作物示范区建设，主要围绕农田基本建设展开，包括土地平整、灌溉渠系与机井配套、田间道路和防护林整治、马铃薯大棚等。

②园艺作物示范基地。规划面积 4 500亩，园艺示范区范围在盈科干渠以南 1 100m，张党公路西侧 500m 外向西延展 2 180m，包括有陈家墩村、三十店村、雷寨村北部部分土地；张党公路东侧 500m 外向东延展 1 532m，包括汪家堡村、党寨村北部部分土地。该规划面积保留原有生产土地格局，主要用于蔬菜制种、种苗繁育和园艺生产示范。

③标准化养猪试验示范基地。规划用地 325 亩，其中沼气站用地 25 亩。主要建设年存栏 2 万头的标准化养猪试验示范基地，示范基地设有种猪繁育区，以及配套的饲料加工厂、沼气站和污水处理站等构成。

10.2.2 节水型标准化生产示范板块

节水标准化生产示范板块规划区位为北起国道 45 线往南，沿张党公路至盈科干渠，以张党公路 25m 红线两侧各外延 500m，全长 6 000m。规划面积 7 503亩。

10.2.2.1 标准化农作物良种生产示范基地

包括种子资源与新品种引进区和标准化制种生产示范区，用地总计

3 000亩，规划在标准化生产示范板块南端设施大棚外侧。

10.2.2.2 园艺标准化生产示范基地

（1）节水型标准化蔬菜生产示范小区

标准化蔬菜生产示范区位于标准化生产示范板块的北部，规划耕地4 503亩。主要建设内容：四代温室标准化生产示范基地，范围在全长6 000 m的张党公路25m红线两侧各100m内，建标准化4代温室800栋，占地面积2 000亩；钢骨架塑料棚标准化生产示范基地，由国道45线往南750m，4代温室两侧建塑料大棚800栋，占地面积1 500亩；露地园艺标准化生产示范基地，由塑料大棚南端向南1 800m，4代温室两侧建标准化蔬菜生产方，占地面积1 003亩。

（2）标准化蔬菜生产引进技术区

位于标准化生产示范板块的北部，占地面积3 205亩，主要建设内容：特菜园，分为异蔬菜园和温室无土栽培蔬菜生产基地，让游客了解到先进的无土栽培技术，探索到科技农业的奥秘，其农业生产的劳动过程也可让游客参与体验；蔬菜标准化种植示范园，通过采用先进实用技术，并组合配套，进行蔬菜健身栽培，提高其自身抵抗病虫害的能力，从而减少化肥、农药和植物生长调节剂的使用，达到无污染栽培的目的，生产出高质量的蔬菜产品。

10.2.3 生态农业试验示范板块

（1）规划区域

生态农业试验示范板块沿张党公路为中轴向东西两侧各规划500m，区水务局农场向南到大满干渠地段，为生态试验示范板块。

（2）规划内容

设立沙产业试验示范基地，分为沙地设施养殖牛羊示范基地、沙地林草试验示范基地、沙地生态设施种植试验示范基地、沙地生态治理试验示范基地。

（3）规划面积4 800亩

10.2.4 管理中心

管理中心是管理中枢，是管委会办公所在地，是黑河绿洲论坛会址，是入区专家的公寓，是农业展示的窗口，为入区专家搭建一个高效管理、服务周全的平台以及优美、舒适的生活环境，而且还为群众提供一个了解绿洲农业发展史的窗口。建设地点为镇西林场、水务局农场所在地。占地面积 310 亩，建设包括管理区、生活区、展示区。

10.2.4.1　管理区

管理区包括绿洲农业国际会展中心、管理服务中心、试验示范区专家智库办公场地、农业交流合作中心办公区、培训中心、信息中心。

（1）绿洲农业国际会展中心

建筑面积 5 000 m^2，功能为集会议、宾馆、餐厅、农业展会为一体的会展业，建设地点为黑河绿洲论坛会址。

（2）管理服务中心

建筑面积 1 000 m^2，主要功能为管委会工作人员办公场所。

（3）农业交流合作中心办公区

建筑面积 1 000 m^2，主要功能为院地交流合作咨询服务机构，承办农业科技人员引进、交流、咨询服务等。

（4）专家智库办公场地

建筑面积 1 000 m^2，主要功能为组织国内农业知名专家组建五大智库：组建农产品种植业试验示范基地建设智库、农村教育与科技推广指导智库、西部农村金融健康发展指导智库、绿洲农业发展智库、农村社区建设指导智库。

（5）农业科技培训中心

建筑面积 1 000 m^2，主要功能为采取开办技术培训班，集中授课和利用示范区信息网络资源开办远程教学网络班的方式进行，开展农业技术培训和职业咨询培训，围绕"无公害农产品"、"绿色食品"认证培训工作、农技师等执业资格考试培训。

（6）示范区创业服务中心

建筑面积 1 000 m^2，主要为科技人员试验示范、创业农民、创业大学生提供必要的条件。

（7）农业信息中心

建筑面积 1 000 m^2，主要是连接示范区中的各研发中心、研究院所和示范区企业的共享技术服务平台和信息服务平台。平台以现代信息技术为基础，以开放集成为特色，以共享服务为目标，集科技图书文献中心、科技情报系统，为示范区提供全方位科技信息服务。占地面积 200 亩，建筑面积 11 000 m^2，投资约 3 000 万元。

10.2.4.2 生活区

包括专家公寓、管理服务人员住处、餐厅、健身房等生活配套设施，规划面积 50 亩，建筑面积 8 000m²，投资约 1 600万元。

（1）专家公寓

建筑面积 5 000m²，100 个标准房间。主要是采用特殊优惠政策，为入区的专家学者来示范区居住。

（2）管理服务人员住处

建筑面积 2 000m²，100 个标准房间。主要是管理服务人员的住处，包括毕业大学生的住处。

（3）多功能厅

建筑面积 1 000m²。包括餐厅、健身房、KTV，为入区的专家学者、工作人员提供就餐、健身、娱乐。

11　生产示范区产业体系建设

11.1　产业发展基础情况

　　张掖市是传统的农业区域，盛产小麦、玉米、水稻、蔬菜等 80 多种农产品，农业整体发展水平处于全国一熟制地区先进行列，基本形成了区位优势显著、市场优势突出、竞争优势强劲、发展潜力巨大的制种、草畜、果蔬、轻工原料四大支柱产业。农业产业化初具规模，农业科技水平处于甘肃省领先地位；曾以占全省 5% 的耕地提供了全省 35% 的商品粮，是全国重要的商品粮、瓜果蔬菜生产基地。玉米制种产量占到全省 57%、全国 25%，成为中国杂交玉米制种首选之地。现代设施农业不断发展，农业产业化水平逐步提高，产业化基地面积占到总耕地的 88%，农产品初级加工能力达 72%，加工转化率 47%，是我国北方一熟制地区农业的典范。

11.2　产业发展与核心区关联分析

　　根据规划目标，规划核心区功能重在技术集成、技术孵化，与绿洲农业自然条件特征紧密结合。张掖绿洲农业产业的集聚，也是在市场机制主导下，根据本地比较优势进行的集聚。因此，规划核心区的技术孵化与张掖农业示范区农业产业的发展高度关联。在产业大类上，示范推广区重点发展的产业也是规划核心区重点试验的产业。在关联方式上，重点突出"两个源头"的关联，即研发和下游加工的高度关联。张掖将草畜、制种、果蔬、轻工原料列为四大支柱产业，逐步形成壮大与资源特点相适应并具有地方特色和优势的农畜产品生产基地。规划核心区的重点任务与之相应，将在以下领域有所突破：一是草畜产业的畜禽品种改良、畜群结构优化、精深加工研究；二是制种产业在稳步发展杂交玉米制种和常规作物制种的基础上，发展瓜菜和花卉等精细作物制种；三是果蔬产业围绕品种更新、设施栽培、储藏保鲜、精细加工等生产环节，突出抓好加工番茄、酿酒葡萄、脱水蔬菜、鲜食果蔬等产品的系列加工，开发地方特色鲜明、市场竞争力强、产品附加值高的绿色产品；四是轻工原料产业重点抓好优质油料、啤酒大麦以及中药材等作物的开发。四大产业通过良种销售、技术培训，向企业和农户进行技术推广，成为规划核心区技术与标准的辐射源，中介服务是推进规划核心区关联发展的有效手段。

农产品加工贮运产业是产业与市场连接的龙头，龙头企业一头连着农户，一头连着市场，接受系统内外的反馈信息，传递给园艺产业、种子种苗产业与畜禽养殖产业，使规划区产业与区域外产业形成"通路"。规划区在促进农业科技发展的同时，也将带动与此相关的旅游服务业发展，并将在规划区周边形成一个功能齐全的服务业体系。园艺产业、农产品加工物流产业、沙产业和休闲观光产业，是劳动密集型产业，可以吸纳劳动力、扩大就业。

11.3 示范区产业横向关联分析

产业横向关联主要指产业间的交叉关联，为产业集聚提供基础。张掖四大产业相互渗透、产业体系相互交叉，横向关联十分紧密。总体关联方向为：以制种为主导的种植业为畜牧业提供了丰富的饲料；畜牧产业为蔬菜等设施农业提供了有机肥及沼气能源；大麦等轻工原料生产加工过程产生饲料和肥料等副产品，和畜牧业也形成关联。

示范区主导产业关联度已经在地域有所显示，主要表现为产业沿关联链条集聚：种植业与畜牧业的有机结合；加工业布局的空间集聚；种植业与加工业的集聚；畜牧业与加工业的集聚。主要关联方向如图所示。

11.4 重点产业体系建设

示范推广区与核心区的对接。充分利用绿洲现代农业示范区核心区的集成技术和现代管理，构建绿洲现代农业示范区核心区与示范推广区产业"1+N"的对接模式，即绿洲现代农业示范区核心区与示范示范推广区采取"一心对多产"的对接机制，集成技术对接、品牌对接。

技术对接：绿洲现代农业试验示范区核心区技术高度密集，在完成技术的试验和集成示范后，技术流向生产示范区，形成"1+N"的模式，在示范

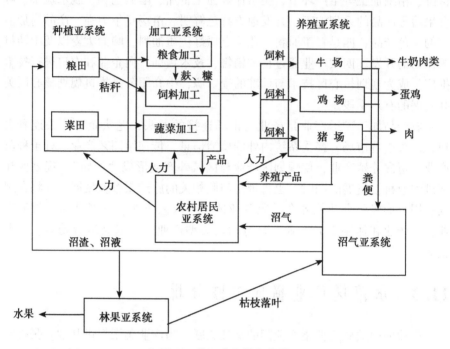

图　示范区产业横向关联

推广区使用相同标准和技术规范，生产符合标准的农产品。

品牌对接：在同生态类型区，使用统一的技术标准，生产的产品符合规范，容易形成统一的品牌，联结众多企业和众多农户共同走向市场，降低经营成本和市场风险，产生规模效应和品牌效应。

11.4.1　制种产业体系

充分利用得天独厚的自然资源、技术力量和区位优势，采取政府引导、企业带动、市场运作和依法管理相结合的方式，加快构建新型种业体系，创新种业管理运行机制；通过节水灌溉、测土配方施肥、田间道路建设、机械作业、配套烘干、加工设备等基础设施建设，建立国家级标准化玉米种子生产基地、蔬菜、瓜果制种基地，全面实现种子生产标准化、布局区域化、产品品牌化和龙头企业现代化。制种企业重点发展种子包衣及深加工项目建设，实行品牌生产，提高经营水平。

在产业化方面，根据玉米、蔬菜、瓜果等品种的生育特性，科学合理确定生产区域，建立一批专业化、规模化、现代化的生产基地，培育优势产区和优势品种。整合本地种子生产企业，建立"优胜劣汰"的退出机制，扶持培育企业集团做大做强，充分发挥企业集团的规模优势和带动能力。以注册"金张掖种子"地理证明商标或地理标志为核心，积极开拓种子市场，扩大企业营销网络，努力提升区域内种业在国内外的知名度和影响力。进一步规范"公司+基地+农户"的产业化经营模式，建立健全社会管理和农民专业合作经济组织，理顺企业和农民之间的利益联结机制，做到利益共享、风险共担。建立健全各项管理制度，形成目标、责任、激励、追究制度并存的管理理念，提高管理水平。强化质量管理措施，实现从种子的生产到终端用户全程质量监控，确保生产用种质量安全。以争取多方投资为支撑，以改善基础设施条件、壮大龙头企业为重点，以加强服务体系建设为保障，打造"中国金张掖种子生产基地"。在生态保护方面，加快节水设施配套、田间道路改造步伐，推广节水、机播机收等优质高产高效生产技术，保护基地生态环境，控制病虫害发生，实现可持续发展。

11.4.2　蔬果种植加工体系

充分利用张掖市优越的水土光热资源条件，科学规划布局，规范标准生产，推广配套技术，依托龙头企业，带动规模发展，加速新品开发，培育名优品牌，提升产品市场竞争能力。坚持"一村一品"发展道路，培育特色明显、类型多样、竞争力强的蔬果种植专业村、专业乡镇，从生产基地标准选择、生产管理、投入品使用三个环节，制定推广绿色蔬菜生产技术规程，开展绿色食品（蔬菜）标准化生产技术的推广。对现有农产品批发市场进行改建、扩建和增强功能的基础上，集中扶持一批具有一定经营规模和高效集散能力的农产品批发市场，并加大软硬件建设力度，建设成为标准化绿色市场；采取请进来、走出去的方式，培训蔬菜生产专业技术人员，不断更新生产者的专业知识，完善知识结构，掌握国内领先的蔬菜、水果生产技术。大力发展工厂化育苗、温室卷帘设施、修建果蔬保鲜恒温库、冷链运输；扶持跨区域、带动能力强的蔬菜专业合作经济组织，配套建设信息网络及基础设施。将高原夏菜、设施园艺等作为突破口，创造品牌，做大做强。

大力发展果蔬产品精深加工。积极创办一批具有国际先进水平的果蔬产品精深加工企业，重点发展蔬菜、果品分级分类包装、冷藏保鲜，开发果蔬鲜汁饮料、有机蔬菜产品深加工、蔬菜色素、果品加工项目，扩大生产规模。创新产业化经营模式。依托龙头企业，在产、供、销，贸、工、农各环节，积极探索"公司+基地+农户""公司+中介+农户"等农业产业化经营模式，加强产销对接，提高农业一体化水平，建立和完善利益联接机制，努力建成公司、农户、基地、市场协调运行的新型产业化经营模式。

11.4.3　畜牧业生产体系

以提高综合生产能力为核心，以良种繁育体系建设、育肥基地建设、龙头企业发展、饲草料开发、市场体系培育、疫病防控体系建设、动物疫病可追溯体系建设为手段，以良种繁育体系建设、育肥基地建设、龙头企业发展、饲草料开发、市场体系培育、疫病防控体系建设、动物疫病可追溯体系建设为手段，推进畜牧科技与资源的有效整合，充分利用周边省区牛、羊、猪的市场资源，强化政府引导和市场机制运作，提高良种化水平，转变生产方式；扶强龙头企业，突出产业增效，完善市场体系。重点发展牛羊肉加工、生猪屠宰、禽类制品加工、皮毛皮革加工和秸秆颗粒饲料加工项目建设，开发奶产品、乳制品、肉食品深加工项目，扩大企业群体数量。

11.4.4　生产示范区重点基地建设

生产示范区承载绿洲农业示范区的成果，带动区域农业结构调整；以经济效益为中心，促进农民增收；以技术创新为动力，大力引进示范区集成的农业高新技术，创建现代农业龙头企业。以企业为主体，带动周边农户，通过基地建设，项目开发，促进产业升级，提升农业科技含量。逐步建成基础完备、设施配套、环境优美、运行机制协调、技术适用、管理先进、社会效益、经济效益和生态效益显著的现代农业示范基地。

11.4.5　建设内容

11.4.5.1　杂交玉米制种基地

依托中国种子集团张掖公司、德农公司等38家有资质的制种企业，示范推广优质种子繁育、种植、加工技术，带动农户建设80万亩杂交玉米制种基地；依托中国农业科学院等科研单位和院校的技术力量，应用航天、辐射等先进的育种技术，大力开展以杂交玉米为主的优质新品种选育，开发拥有自主知识产权和地域品牌的杂交玉米种子，不断提高种子生产的科技含量和科技水平，以张掖"黑河论坛"为平台，借机召开杂交玉米繁育新技术、新品种学术交流会和杂交玉米种子交易会，做强制种产业。

11.4.5.2　蔬菜果品设施农业基地

依托甘肃陇兴公司、嘉禾、临泽银先公司等龙头企业，以甘州区梁家墩镇五号村、长安乡前进村等已形成规模化生产的乡村为核心，辐射带动周边乡镇、村社及农户，建设 15 万亩设施农业基地；依托甘绿脱水集团、嘉禾公司、陇兴公司等龙头企业，引导农民大力发展以高原夏菜、脱水蔬菜为主的蔬菜产业，建设 40 万亩蔬菜基地；依托中国农业科学院等科研单位和院校的技术力量，以先进适用的现代化农业设施的研发引进示范为基础，引进高档鲜食葡萄、食用菌种、蔬菜、设施栽培林果等新品种。引进优良新品种和绿色无公害丰产栽培技术，重点依据国家对绿色食品生产的有关规定，研发、引进、选择生产无公害绿色食品技术。综合应用农业、生物、物理、药物防治等无公害蔬菜的综合防治技术，生产出进入高端市场的绿色或有机产品，创建地域品牌，做优蔬菜、果品业。

（1）加工番茄基地

依托张掖屯河番茄制品公司、临泽天森番茄公司、高台中化番茄制品公司和中国农业科学院等科研单位和院校的技术力量，示范推广优良品种和新技术，带动农民建设加工型番茄原料基地 15 万亩，大力发展外向型农业。

（2）马铃薯繁育加工基地

依托德农公司、爱味客、瑞达、有年金龙等龙头企业，带动农户示范推广优良品种、栽培技术，建设马铃薯繁育加工基地 30 万亩；依托中国农业科学院等科研单位和院校的技术力量，运用现代生物技术最新成就，研发、引进国内外优良品种和先进技术，重点进行专用型马铃薯脱毒种薯组培快繁技术开发，包括相应的配套温室、网室、生物组培实验室建设，大田无公害丰产栽培技术的组装、集成，创建拥有自主知识产权和地域品牌的产品。

11.4.5.3　肉牛产业基地

依托张掖丰盛草畜、张掖玺峰养殖公司、农科院超旱生牧草基地等龙头企业，示范推广优质肉牛新品种、繁育、养殖、育肥技术，基地配套建设优质肉牛集中育肥场和精深屠宰加工厂，形成基地集中收购育肥、内联农户、外联市场的运行机制，带动农户建设 100 万头肉牛基地；依托中国农业科学院等科研单位和院校的技术力量，开发拥有自主知识产权和地域品牌的优秀肉牛，做大养肉牛业。

11.4.5.4　畜产品加工基地

在现有牧沅公司、沅博公司等龙头企业的基础上，依托中国农业科学院等科研单位和院校的技术力量，通过项目开发项目、以商招商等途径，引进国内外有实力的企业，建设肉类屠宰、饲料加工、禽蛋加工、皮毛加工、制革等畜产品加工企业和饲料厂、骨粉厂、沼气池、污水处理池等辅助设施，形成年屠宰40万头肉牛的生产加工规模，形成"公司+基地+农户+深加工+销售"一体化经营格局，创建拥有自主知识产权和地域品牌的产品，使之成为技术水平高、产品结构合理、产品品位高的畜禽加工产地，致力打造全国重要的畜产品生产加工基地。

12　规划区配套政策与保障措施

12.1　配套政策

抓紧制定张掖绿洲现代农业示范区配套政策和措施，吸引科研院所、高校、个人、企业研发部门进驻规划区。简化手续，提高办事效率，加强规划区生活服务硬件和软件建设，采用信息技术与网络技术，努力为规划区建设发展营造一个良好的环境。

12.1.1　筹建规划区建设资金政策

建立张掖绿洲现代农业示范区，需要建立以政府投入为主导，全社会各方面力量共同参与的多渠道、多层次、多元化的投融资机制。整合所有农业项目资金，为规划区建设提供项目资金支持。将规划区建设纳入张掖国民经济、尤其是科技发展计划，并作为张掖农业基本建设的主要内容。

筹建农业试验示范项目基金，吸引农业科研院校的高新技术项目进驻规划区。建议甘肃省政府每年拿出 2 000 万专项资金，用于现代农业试验示范区试验示范项目的立项入园。针对当地主导产业、优势产业和特色产业发展中的重大关键性问题，设立课题，各地专家均可申请。

12.1.2　吸引农业科研院校入区创业的政策

建立吸引农业科技成果流向规划区的机制；制定优惠的政策，吸引农业科研院校的高新技术项目和产业进入规划区。建立灵活的用人体制与机制，建立多元化分配机制，加强知识产权保护，吸收鼓励科技人员以多种形式参与规划区试验示范建设。科研院所的国家、省部级项目进区入园，当地政府给予一定补助。主要用于农民土地租赁补助，现代农业试验规划区区办公室提供给专家公寓和公共实验室，大田试验示范工作由试验服务部参与与农户洽谈，根据需要派 1~2 名农业院校大学生作为试验示范科技助手对接服务。

12.1.3 农民创业培训的政策措施

鼓励回乡农民创业，首先做好农民培训工作。在现代农业试验示范区成立农民创业培训领导小组，现代农业试验示范区管委会主任兼任领导小组负责人。建立农民创业培训计划，将农民创业培训计划纳入现代农业试验示范区专项，实行项目支持。由区政府出面组织，有计划、有步骤地引导规划区和规划区外的回乡农民创业，并发挥先进典型的传帮带作用，进而提高农户的创业技能和致富本领；其次，对现代农业试验示范区种植、养殖大户开展创业培训，并通过参加现代农业试验示范区的农业创业技能培训，提高他们的创业能力、科技素质和管理水平，最终成为懂经营、会管理、有技术的企业家。

12.2 保障机制

12.2.1 建立长效的政策激励机制

要尽快建立健全张掖绿洲现代农业示范区政策激励机制，强化政策引导效应，给予更优惠的政策措施鼓励广大科技人员来张掖研究绿洲农业，保障院地合作的深层次化。从建立张掖绿洲现代农业示范区战略高度全盘统筹，必须以政府为主导推动农业科技进步，坚持农业科技公益性定位。充分认识政府在推进农业科技革命中的主导作用，高度重视农业科技工作。加强对农业科技工作的宏观指导，加强农业的宏观调控。在项目、经费支持、人才引进等方面给予倾斜。各有关职能部门要加强配合，要切实关心、改善农业科技工作者的工作、生活条件，营造良好的发展环境和氛围；广泛调动社会各界力量，支持、参与农业科技工作，努力形成合力推进新的农业科技革命的良好局面。

12.2.2 建立长效的服务协调机制

提供优质服务，营造良好投资环境。提高政府工作效能，简化项目入区程序，提高部门办事效率，优化投资软环境；对农业科研单位通过技术成果转让、技术培训、技术咨询、技术服务及技术承包所取得的技术性收入，5年内免征所得税；对直接用于农业科研试验的进口仪器、设备，免征增值税和关税；对农业科研单位取得的技术转让收入免征营业税；农业保险机构要对农业技术推广实施保险制度，扩大保险业务范围，降低科技投资风险。

建立健全利益协调机制。要加强协调工作，建立院地合作的沟通机制，完善服务机制，切实解决合作中存在的问题，在保障科技人员利益的同时，要确保当地农民的利益不受损，实现双赢。

12.2.3 建立长效的科技和人才交流机制

农业科技合作交流力度，着重研究、吸收、消化、创新，推广先进的农业科技，有计划地引进外地人才和管理经验，多领域、多形式、多渠道地加快合作进程。制定优惠政策，创造良好的创业环境。吸引国内外农业科研教学单位、大型龙头涉农高新技术企业来张掖绿洲现代农业试验规划区开展试验示范工作；鼓励农业大学生、回乡创业农民，留学人员和留居海外的农业科技人员入区开展科技活动。提供学术研讨会、绿洲农业论坛、农产品和农业技术展销会等交流平台，发挥民间组织的桥梁与纽带作用，促进农业科教、信息和人员的双向交流。加强科研机构与农业生产的紧密结合。围绕人才的培养，建立科技合作交流培训班，有计划地选派一批优秀人才赴外地考察、研修、培训。

12.2.4 建立长效的农业科技投入机制

政府要大幅度增加对现代农业试验示范区的投入。政府对现代农业试验示范区的投入增长幅度要高于财政收入的增长幅度，将农业基础建设经费集中用于现代农业试验示范区建设。

设立农业试验示范专项资金，主要用于张掖绿洲现代农业示范区的科技活动。

12.2.5 建立长效的法律保障机制

认真贯彻落实《中华人民共和国农业法》《中华人民共和国农业技术推广法》《中华人民共和国种子法》《中华人民共和国森林法》《中华人民共和国水法》《中华人民共和国水土保持法》《中华人民共和国产品质量法》《中华人民共和国专利法》《中华人民共和国科技进步法》《国家科技技术奖励条例》《植物新品种保护条例》《植物检疫条例》《森林病虫害防治条例》及《关于促进科技成果转化的若干规定》等各项法律法规，保障试验示范工作的规范运行。

这些法律法规无疑保障了科技人员的合法权益，营造了院地合作的良好环境。

12.2.6　建立节水生态补偿机制

张掖地区水资源和生态环境问题是中央一直关心的问题。水是绿洲农业可持续发展的根本。建立适合西北农业节水的生态补偿机制，是解决问题的关键。设立西北生态补偿基金是维持我国可持续发展的生态环境的必然选择。生态补偿基金的筹集除国家、地方财政投资和国际组织援助外，还应通过多种形式，建立由社会各界、受益各方参与的多元化、多层次、多渠道的生态环境补偿基金投融资体系。

12.3　保障体系建设

12.3.1　科教支撑体系平台

（1）技术服务体系建设

高起点建设实验室，技术开发和检测分析实验室、检验分析机构，培育发展一批实验分析、检测分析、认证认可、项目咨询、管理咨询、运营服务、综合评价分析、人才培训等公共服务机构。建设好农作种植技术实验室、农业气象试验室、畜禽养殖技术实验室、饲料研究实验室、质量检测实验室、胚胎移植中心、疾病诊断与免疫实验室，重点开展科技研发、技术创新、引进试验、种子种苗繁育培训推广、检验检测等工作，提升试验规划区、生产示范区域农业科技服务能力。

（2）开展国际交流合作

围绕绿洲现代农业发展，在新品种、技术、人才、管理等方面积极开展国际交流与合作。积极利用世行、亚行等国际组织以及各国政府的贷款或赠款，鼓励国际涉农企业如先锋公司、杜邦公司等到规划区设立试验示范基地，积极开展有关项目的合作。

（3）农业科技推广体系

将新的标准化栽培技术、田间管理知识和新的品种、绿色农业生产资料等物化技术产品按照市场规则推广经营。规划区成立的张掖绿洲现代农业实业公司围绕绿色农产品生产关键技术，组建优质牧草林木公司、花卉蔬菜种苗公司、无抗生素饲料公司，有机肥（生物菌剂）生产公司，生物农药销售公司等，为现代农业试验示范区服务。

（4）农业教育体系

培育新型农民计划。计划用 10 年的时间，采用分散集中远程教学和参观示范相结合的方式，邀请农业专家、管理人员、农业高校讲师讲授，整合农业广播学校、农业职业中学的资源，开展张掖地区农民培训工作，计划培养 10 万农业核心大军，按照 18~29 岁、30~40 岁、41~50 岁的年龄段，培养 10 万核心农民，讲授种养加技术、管理理念、贸易、理财等知识，迅速提高农民应急技术需求。完善服务高等职业教育培训的配套共享设施及功能。与甘肃农业大学联办畜禽养殖、园艺、农学院，与中国农科院联办河西农民大学。

12.3.2　人才智库支持体系平台

按照"优势互补、互惠互利、共同发展"的原则，立足张掖绿洲现代农业示范区建设，加强合作，现代试验示范区将与中国农科院等建立稳定的紧密合作关系。注重引进农业科技项目、先进技术设备、科学管理经验，把试验示范区建成引进科技项目、资金、技术、人才和管理经验的示范样板，院地联手拓展现代农业试验示范的基地，绿色农产品标准化生产基地，农业国际交流合作的窗口、引进合作示范和推广创新等方面的辐射作用，全方位拓展国际国内农业科技合作，加速推进农业现代化进程，为促进西部大开发做出贡献。

人才智库的职能是就现代试验示范区发展的方针、规划、管理以及重大科技项目和资金的使用方向提供咨询服务，与此同时，试验示范区与高等院校、科研院所的有关职能部门建立长期稳定的技术依托关系，在技术上保障试验示范区的项目的快速运行。制定人才培养和引进规划，建立和完善人才激励机制。注重在实践中培养造就人才。培养和引进一大批具备现代理念的管理人才，复合型研究人才及高技术人才。

12.3.3　资金支撑体系平台

以现代农业试验示范区为依托，以绿洲农业生产基地建设为重点，服务于现代农业试验示范区的发展需求，全面支持现代农业试验示范区的长远发展目标。

成立现代农业试验示范区农业投资公司。依托现代试验示范区的平台，创新金融产品。争取中央政府的支持，将张掖纳入金融创新试点范围，探索农村金融发展的新路子，设立村镇银行，待条件成熟，创建"河西银行"，计划以一家国内的股份制商业银行为主，结合甘肃的一家有相当实力且在农业金融方面有一定经验的商业银行参股或者由从事农业产业经营的龙头企业参股，与其他一些符合国家相关政策规定的投资人来共同发起成立；建立现代农业试验示范区小额信贷投资公司，允许有条件的农民组建专业合作社开展信用合作。发展现代农业试验示范区农村保险事业，健全政策性农业保险制度，加快建立农业再保险和巨灾风险分散机制。

争取省政府的资金支持，吸纳社会资金，筹建张掖绿洲农业科技发展基金；寻求国家自然科学基金委员会的支持，争取国家自然科学基金委员会有关绿洲农业关键技术和政策研究项目在张掖绿洲现代农业示范区实施。

13 建议

13.1 总 结

　　甘肃省张掖绿洲现代农业示范区规划符合国务院各部委制定的农业科技示范管理办法的要求，也符合甘肃省委省政府《关于启动六个行动促进农民增收的意见》《甘肃省中长期科学和技术发展规划纲要（2006—2020年）》若干政策措施、2009年甘肃省农业科技创新项目实施方案和中共张掖市委张掖市人民政府关于认真贯彻十七届三中全会精神、全面落实省委省政府《关于启动六大行动促进农民增收的实施意见》、市委二届四次全委（扩大）会议提出发展特色优势产业促进农民增收的意见。通过规划区建设，将加快张掖以特色产业为主的现代农业技术的引进和集成，带动周边调整农业结构，农业技术的提升和增加农民收入。

　　张掖绿洲现代农业示范区规划的指导思想、原则和目标符合现代农业发展方向，功能设计合理，发展重点和布局符合张掖市农业的特点和满足发展要求，运行机制科学而符合实际，具有实际操作性，技术路线可靠，经济效益、生态效益和社会效益明显。

　　张掖绿洲现代农业示范区组织管理机构规划全面，政策与保障体系制定健全，人才培养、技术培训、技术服务完善。甘肃省委省政府，张掖市委市政府和规划区所在甘州区委区政府对建立绿洲现代农业试验示范区态度积极，与科技支撑单位合作基础好，规划区建设前期准备工作扎实，规划区农户积极响应。

　　综上所述，张掖市已具备建设现代农业试验示范区的条件，总体规划科学，经济合理，实施可行。

13.2 建 议

希望规划区尽早开工建设，搞好项目的申报和组织实施，加快人才和技术项目的引进。

努力创造条件，积极争取国家有关部（委、局）的项目支持和省政府的扶持。

争取把张掖绿洲现代农业示范区列入科技部第三批试点园区。

争取把张掖绿洲现代农业示范区内相关项目列入国家发改委的"十三五"项目投资计划。

争取把张掖绿洲现代农业示范区列入国家农业综合开发办公室农业综合开发高新科技示范的项目。

争取把张掖绿洲现代农业示范区纳入农业部的种子工程、种畜工程、菜蓝子工程、植保工程、节水农业工程、农产品基地建设、农业产业化经营、农业科技培训工程及农业信息体系建设等项目。

争取把张掖绿洲现代农业示范区列入国家林业局的田、路、护林网建设和生态保护建设项目。

争取甘肃省政府增加投入，甘肃省政府每年从农业开发资金中拨出专项资金用于试验示范区建设。

建议张掖市把所承担的国家、省级科研和开发等相关项目资金向试验示范区倾斜。

建议设立国际农业合作专项基金，吸引国外专家入区试验示范。

建议与规划区北端相邻，沿张党公路两侧 500m，在 G45 公路北通往市区南二环的地段，建设张掖绿洲现代农业示范区农产品电子交易平台，加强农产品结算中心和张掖制种业期货市场建设。

下篇　西北绿洲旱区农业节水生态经济特区的构想

——建设生态经济特区对西北绿洲灌区具有示范引领作用

1 生态经济特区的提出

1.1 生态经济特区的背景与概念的提出

许多研究已经发现我国生态问题的一个重要特点：生态脆弱与贫困分布高度重合，在这些地区往往形成了人口——环境——贫困之间的恶性循环的格局。与此同时，一些研究注意到地区的生态功能远远超出了本地区，与区域的上游、下游及周边地区的生态安全高度相关，在国家的经济、社会、生态、军事等方面有着不可替代的特殊价值。2000 年国务院批准的《全国生态环境保护纲要》正式提出并规定了"重要生态功能区"的概念。我国专家学者提出，在"重要生态功能区"建立"生态特区"，运用特殊的机制，通过对各种生态关系和生态过程调控、整合，以恢复生态为目的。

借鉴我国已成功开创的"经济特区"和专家提出的"生态特区"，笔者提出"生态经济特区"。"生态经济特区"定义为：在生态文明理念和科学发展观的指导下，建设中以生态与经济的协调发展为目的，在生态经济特区的建设中运用特殊的政治体制和科学的机制，以人为本，充分调动人的积极性，建立自然、经济、社会统一协调发展的特定生态地域单元。

1.2 生态经济特区的样板区域选择

根据张掖市现有节水发展的成果和战略定位，选择张掖市作为第一个农业节水生态经济特区，制定农业节水总体规划和节水总目标，实施农业节水生态补偿机制，调动农民节水积极性；设计并实施政府农业节水绿色 GDP 绩效考核体系，制定生态特区的农业节水管理办法，促进西北地区生态健康与经济协调发展。其意义不亚于当年深圳经济特区对于东南沿海及全国经济发展的示范带动作用。

2 张掖市战略地位和生态位势再认识

2.1 张掖市是全国商品粮生产战略基地

张掖市已成为甘肃省主要产粮区和全国十大商品粮基地之一，提供的商品粮占甘肃省的1/3，是全国五大蔬菜基地之一，是我国重要的国防科研基地，同时，还肩负着河西地区的生态长廊建设，为流域的经济社会的可持续发展和国防建设做出了贡献。2002年水利部正式批复张掖市为全国第一个节水型社会建设试点城市。

2.2 张掖市是西北区域的生态屏障

甘肃张掖市地处黑河流域中游，全市的用水量占整个黑河流域水量的83%，其中农业用水量占全市用水量的90%，其自然地理环境、生态状况及水资源状况在整个西北内陆河流域都具有一定的代表性。张志强等对黑河流域中游生态系统服务价值进行的定量估算表明，由于黑河流域中游面积占整个黑河流域面积的43.57%，其生态系统服务价值占全流域生态系统服务价值的67%。因此，地处黑河流域中游的张掖市的节水对整个黑河流域的生态恢复和保护起着决定性的作用，是河西走廊重要的生态屏障，其生态环境的优劣直接影响着西北乃至我国北方的生态安全。

2.3 张掖市是西部大开发的战略高地

张掖市承担着全省粮食生产和供给的重要任务，其农业和社会的和谐发展关系到流域节水的成败，关系到河西地区及甘肃省全面建设小康社会目标的实现，张掖市位于西北河西走廊，连接内地与新疆以及中亚的经济要道，国家重要的军事基地建设在张掖，在我国西北地区战略地位极为重要，直接影响到我国西北重要能源基地的建设，是西部大开发的战略高地。

3   生态经济特区功能定位

3.1   张掖市生态经济协调发展的战略模式选择

河西走廊的张掖市因其特殊的战略地位和重要的生态位势，其生态环境建设和经济社会的发展战略与模式一直都受到政府和学术界的高度重视，针对黑河流域生态环境系统日益严峻的恶化局面和突出的水事矛盾，早在2000年5月，朱镕基总理就黑河问题作了重要指示，水利部组织黄委会完成了《黑河水资源问题及其对策》《黑河流域近期治理规划》，甘肃省、张掖市两级政府提出了河西经济走廊和张掖市经济区的发展构架，首次对张掖市的发展模式进行了定位，采用最积极的生态环境建设政策和最严格的环境保护政策，将其建成节水型社会建设试点城市；2002年，水利部正式批复张掖市为全国第一个节水型社会建设试点城市，张掖市提出"以节水定产业、以节水调结构、以节水增总量、以节水促发展"的经济工作原则。水资源的合理利用可以保证农业的可持续发展和社会的安定团结，因此，农业结构调整要与水资源配置状况相适应，追求农业生产领域内单位水资源利用效率和产出效益的同步提高，实现农业增效、农民增收和农业节水的共同目标。明确要经过长期不懈的努力，建设比较完善的基础设施平台、有竞争力的特色产业体系和黑河流域重要的生态环境屏障，逐步形成经济稳定发展、社会全面进步、人与自然和谐的新局面，努力把张掖市建成一个经济发展、社会进步、生活安定、环境优美的地区。

综上，以维护区域生态安全为基础、以发展经济为主题、以提高当地居民生活水平和推进社会全面进步为目标的发展思路是张掖市快速、持续、协调发展的战略模式选择。

3.2 张掖市建立"生态经济特区"的构想

从国家战略考虑，国家生态经济特区是指该区域产生的环境影响已经超出该行政区域的范围，影响的范围波及面积大，并对国家经济、社会、环境战略有很大的影响。建立国家生态经济特区，为其制定特殊的优惠政策和提供持续的生态补偿基金，使其能够改变发展经济和保护生态的两难困境，集中精力搞生态建设和发展生态节水产业，从根本上消除引起生态退化的因素，有可能逐步实现生态良性循环和经济可持续发展，保障该区域的生态安全、可持续发展。

基于对张掖复合生态系统的辨识，以及对其战略地位和生态位势的再认识，结合张掖现有发展战略的定位和已有学者的研究成果，提出建设张掖生态经济特区的构想，即以生态文明理念和科学发展观为指导，以流域生态复合系统为对象，以农业节水、环境建设、经济建设为内容，通过农业节水机制创新、农业节水技术创新，全面调控和整合复合生态系统的各种生态关系与生态过程，最终形成生态良好、环境和谐、经济富裕、社会高效的多层面的、深层次的生态区域。

3.3 张掖节水生态经济特区地理界定

根据张掖自然生态特征和现行行政区划特点以及经济发展水平差异，张掖生态经济特区地理界定的方案是：黑河流域的张掖空间范畴，包括上游甘肃省的肃南县，中游张掖市包括山丹县、民乐县、临泽县、高台县、甘州区等一区四县，下游甘肃省的金塔县的鼎新灌区、空军基地、二十基地。

3.4 张掖节水生态经济特区功能定位

生态经济特区是基于生态文明正成为人类社会的主导文明而提出的构想，是以科学发展观的生态文明理念为指导，倡导的是一种人与自然和谐共生的新型生态关系。

建设张掖生态经济特区的核心是以黑河流域复合生态系统为整体，通过体制创新、技术创新，对区域农业节水制度创新和重构，是对张掖这一特定地域单元的"节水制度创新"，是一场新型的生态革命。张掖生态经济特区将是新时期区域生态文明建设和可持续发展的窗口，是区域经济社会实现生态化转变的窗口，是西部大开发的重要示范基地。

生态经济特区设立农田节水示范区系统、城市社区生态系统、河流生态系统、农田防护林系统、防风固沙植被区。

农田节水示范区系统是整个生态经济特区的核心。建立节水试验区、节水示范区。节水试验区在张掖市选择不同灌溉条件，建立试验区，以各种节水措施的试验和农业结构调整节水试验为主。节水示范区与节水试验区相对应，在试验获得理想的节水组合模式，在节水示范区推广。整个试验示范的过程需要在农户为主体的参与下进行。

节水制度的设定。制定针对农户节水行为的激励机制、围绕当地各级政府节水政绩考核的制度。

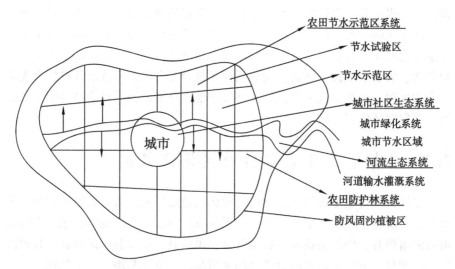

图　张掖生态经济特区的复合生态系统示意图

4 张掖节水生态经济特区建设的目标与内容

4.1 张掖节水生态经济特区建设的目标

张掖生态经济特区建设的宗旨是通过节水体制创新和能力建设，重构节水型经济与生态服务相统一的区域生态经济系统。

建设目标：与上游祁连山国家自然保护区、中游国家级高效节水示范区、下游国家级胡杨林自然保护区以及国防试验基地的建设与发展保持协调一致。

4.2 张掖节水生态经济特区建设的内容框架体系

建立生态经济特区可为西部生态建设及国家生态安全保障提供试验示范。国家生态经济特区的核心就是实践特殊政策，使该地区的实践为国家生态安全建设积累经验。实行各级政府行政领导负责制。把农业节水建设任务、目标纳入各级政府任期工作目标，作为政绩考核的重要内容之一。建立农业节水指标体系，对地方农业节水进行考核，并建立相应的信息披露制度，通过媒体向社会公布。

一是开展农业节水绿色 GDP 核算，用绿色 GDP 代替 GDP，作为制定政策、政绩考核的新的总量指标，对政府行为进行激励与约束；确立以"农业节水绿色 GDP"为基础的官员政绩考核体系；制定特区发展考核指标，以生态质量为政府考核主要标准，生态目标作为区域发展的第一目标，改变 GDP 为唯一指标的发展观，让地方政府在生态建设方面有较大发言权，根据区域具体条件制定相应的政策措施。目的在于使政府意识到节约资源的必要性，真正将节水等资源管理政策、可持续发展战略落到实处。

一是建设高效节水农业产业建设与农业节水生态补偿试验区。高效节水农业产业建设是生态经济特区的支柱，决定区域的可持续发展力度。结合特区内自然生态资源优势和区位优势，结合既有的产业结构及布局特点，在分析评价区域生态承载能力的基础上构建生态经济特区的高效节水农业产业体系。

调整产业结构和农业种植结构，进一步加大灌区节水改造工程，全面推行田间节水技术，改革完善农业节水制度，建立农业节水激励机制，试验农民主动节水的激励机制、农民节水的利益保护机制、政府补偿的财政支付机制、市场补偿机制的联动效应。

5 张掖节水生态经济区创新性

5.1 张掖节水生态经济特区管理体制创新

政府管理体制创新是实现生态经济特区功能的充分条件。就管理体制创新而言，在生态经济特区内的生态保护区，地方政府管理体制创新可选择复合行政；中央政府要加强生态保护的统一领导和改变考核地方政府政绩指标体系。不改变行政区划，实行复合行政。这是生态经济特区内的生态保护区行政管理体制的渐进式创新。设立张掖生态经济特区建设与发展委员会实行复合行政，是为了促进区域经济一体化，实现跨行政区公共服务，跨行政区划、跨行政层级的不同政府之间，吸纳非政府组织参与，经交叠、嵌套而形成的多中心自主治理的合作机制。在生态保护区内，复合行政的着眼点不在于行政区划的调整，而是在不改变原有的行政建制和行政区划的情况下，加强生态经济特区的同级和不同级政府之间的协调。复合行政适应区域生态保护一体化的需要，为跨行政区域生态保护而形成的各行政区政府与各层级政府之间的动态合作机制，既可以承担生态保护功能，又可以承担地方政府综合职能。生态保护区复合行政，以跨区域生态保护为主要职责，实现多层次多形态政府间的合作，既可以是同一层级间的政府合作，也可以是不同层级政府之间的合作。合作的领域是跨区域的生态保护，主要是共同规划统一的生态保护政策，实现跨行政区公共基础设施相互联合与衔接，建立健全区域性社会保障体系等。

5.2 张掖节水生态经济特区建设制度创新体系

生态经济特区建设的根本目的就是从根源上解决区域缺水问题、消除区域生态环境问题，故应根据生态经济特区建设的目标和本质要求，从水资源外部性内部化措施着手，进行生态经济特区建设的制度创新和安排，构建生态经济特区农业节水制度体系，实现区域生态环境资源的高效配置和生态环境建设与经济发展决策一体化，保障区域生态经济的和谐、持续发展。

农业节水制度是一整套生态环境资源高效、优化配置的制度体系，涉及4个大类，17个层面的内容，如图所示。

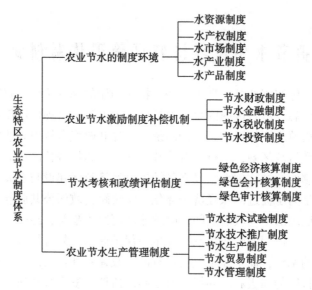

图　生态特区农业节水制度体系

（1）农业节水制度环境

包括水资源制度、水产权制度、水市场制度、水产业制度、水产品制度。这一系列水资源环境要素制度的建立，从生态环境角度激励农户、经济群体节水意识，考核经济集团的经济行为创造有益的制度环境。

（2）农业节水生产管理制度

包括节水技术试验制度、节水技术推广制度、节水生产制度、节水贸易制度、节水管理制度。这些制度的健全与实施，必然使生态环境资源在生产、交换、消费经济各领域实现有效配置，并对各种经济行为进行有利的约束与规范。

（3）农业节水补偿制度

包括节水财政制度、节水金融制度、节水税收制度、节水投资制度。这些激励性制度安排，必将对生态环境资源利用和保护提供一种有效的制度保障。

（4）节水考核和政绩评估制度

包括绿色会计制度、绿色审计制度、绿色国民经济核算制度。这些制度安排，从定量上将生态环境资源的存量消耗与节水保护与损失费用纳入到经济绩效的考核之中。只有这些经济考核制度才能较好地反映出人类经济行为的真实经济绩效，以对经济个体的经济行为实行有效的定量考核与监督。

6 张掖生态经济特区建设政策支持与法律保障体系

6.1 张掖节水生态经济特区建设的政策支持体系

政策是战略的延伸和具体化，是诱导、约束、协调政策调控对象的观念和行为的准则以及实现一定战略目标的定向管理手段。建设生态经济特区是一个新的战略和发展模式，需要用新的政策来引导和支持。

（1）投资政策

中央政府应采取倾斜的投资政策，对张掖生态经济特区加大生态建设投资力度，通过国际通用的财政转移支付制度、银行贷款、政策倾斜、引导国际资金等渠道给予补助，改革条块分割的投资管理机制，提高生态经济特区环境建设投资效率。目前，在国家扩大内需的积极财政政策环境下，将西北节水和生态建设纳入建设计划，为西部开发的顺利实施创造良好的环境。

（2）贷款优惠政策

改进现行贴息办法，实行定向、定期、定率贴息。根据生态经济特区节水生态工程建设内容的不同，制定还贷期限，如投资周期长的农田水利，还贷期限应延长至 20 年以上为宜。国家开发银行、农业发展银行应对国家宏观经济政策，放宽对农业、水利行业贷款手续，改革现行贷款抵押办法，放宽贷款条件。

（3）产业发展政策

构建生态节水产业和传统产业生态化是生态经济特区产业发展的核心。生态经济特区产业发展政策必须围绕这一核心来制定，树立"经济发展的终极目标是社会福利的最大化，而不是产值最大化"的可持续经济发展观，积极发展生态型、知识型、高效益的内涵型经济，引导农民由单一农业生产功能向农业多功能的转变。内容主要包括：①对高耗水农业产业限制或调整的政策。对传统高耗水农业产业进行调整，积极推广节水生产技术和管理技术，对农业生产节水全过程管理；②对低耗水生态节水产业的扶持、诱导政策。利用财政、税收等经济手段鼓励发展节水生态型、技术型等新兴产业。

（4）人才引进和流动政策

在充分发挥当地人力资源优势的基础上，结合建设的需要，加快制定多层次、多渠道、机动灵活的专业人才、紧缺人才、管理等新型人才引进机制和流动政策，提高生态经济特区的人口素质。并通过教育手段逐步提高人口整体素质，打破"人口增加—经济贫困—生态退化—人口增加"的恶性循环。只有人们的节水、生态意识提高了，节水、生态文化增强了，才可能实现生态经济特区建设的全面成功。

6.2 张掖节水生态经济特区建设的法律保障体系

建设生态经济特区是一个生态经济系统构建和管理制度改革试验的过程，重新调整人与人、人与自然关系的行为规范，需要确定人与自然生态的法律关系，赋予自然生态法律主体资格。在建设生态经济特区的过程中应加强区域性立法，建立和完善符合生态经济特区要求的、实现生态经济特区发展的法律支撑。

构建生态经济特区法律、法规体系以《新水法》《环境保护法》为基础，在国家现行法律框架体系下，根据生态经济特区建设需要，因地制宜制定与现行国家法律相适应的法律实施细则及可操作性强的行政法规，从生态环境资源保护与利用、生态经济建设、生态文化培育及生态城乡一体化管理四方面构建生态经济特区法律、法规保障体系，并在实践中不断的调整和完善。

6.3 张掖节水生态经济特区建设的融投资体系

生态经济特区建设是一项任务艰巨、投资巨大的生态和社会系统工程，传统的生态建设投融资体系无法适应特区建设和发展要求。需要建立满足生态经济特区建设的全方位、多层次的投融资体系。

（1）融资形式的多元化

主要有政府投资、信托融资、股权融资、国际金融机构贷款，建立中国西部生态经济特区建设与发展基金、发行生态建设债券等。

（2）投资主体多元化

除了政府及相关机构直接投资外，还应鼓励国内外社会团体、企业、个人、投资公司的积极参与。

（3）投资方式的多样化

不同的投资主体可根据自己的经济实力和技术能力，选择直接投资、间接投资或两者相结合的方式进行投资。

6.4　张掖节水生态经济特区建设的综合决策机制

建设生态经济特区建立、形成综合决策机制和制度体系，保障区域生态经济的协调发展和各系统利益的共赢，最终实现生态经济特区的建设目标。

建立协调、统一各县区之间、不同县区与部门之间、水务部门、环保部门与经济发展部门之间的决策意见，有必要建立有助于生态经济特区的统一协调管理机制（张掖生态经济特区建设与发展委员会），目的是制订生态经济特区的科学规划和实施方案；监督生态建设工程实施进展、评估生态建设实施效果；建立健全稳定的投入保障机制，多方筹措生态经济特区资金，加大对生态环境建设的投资力度，有重点、分步骤、科学推进生态经济特区的全面建设。

建立和健全公众参与制度。群众是生态经济特区建设的主体，也是决策的有机组成部分。建立健全公众参与制度是决策民主化和适用的体现。决策须充分体现人民群众的意愿和要求，反映他们的根本利益；在综合决策时应尊重群众实践经验，运用集体的智慧，建立环境影响评价公民参与制度等形式，听取群众的意见和建议，自觉接受群众监督。

6.5　生态经济特区建设与运营机制

生态经济特区建设与运营的核心是以人为主体的社会力量对区域复合生态系统的生态关系和生态过程进行生态调控和管理。

建立统一协调管理机制，目的是制订生态经济特区的科学规划和实施方案，监督生态建设实施进展、评估生态建设实施效果，建立健全稳定的投入保障机制，多方筹措生态建设资金，加大对生态环境建设的投资力度，有重点、分步骤、科学推进生态经济特区的工作。

运营机制是充分挖掘区域内外资源和力量，实施生态环境资源的资产化管理，完善生态环境资源市场，建立和形成"政府管理、农户主体、科技

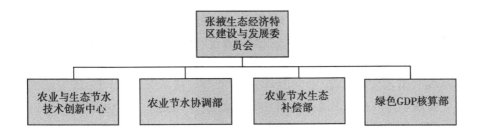

图　生态经济特区组织机构示意图

催化、产业发展、社会监督"的新型动力机制，保障生态经济特区建设与发展的活力和持续性。

一是下设农业与生态节水技术创新中心，在几大灌区设试验基地，（自流灌区、提水灌区）成立创新基地，有节水专家、经济学家、社会学家、推广专家、当地农户、当地基层政府、节水协会共同参与的试验示范基地。

二是设立农业节水协调部，协调各部及原有政府职能部门的工作关系。

三是成立农业节水生态补偿部，由市财政局、水务局、农业局、村镇代表、节水协会组成，核定用水户灌溉面积、确定用水定额、科学分配水量、发放水权证，宣传农户节水生态补偿的办法。

四是成立绿色 GDP 核算部，挂靠在市统计局，摸清灌区水资源存量、水资源消耗量，分解各部门的用水量，做好农业水资源总量核算；农业节水总量的核算；农业节水投入核算；向县区、乡镇政府宣传农业节水绿色GDP 核算的办法。

6.6　张掖市生态经济特区管理办法的制定

（1）节水宗旨

为了促进张掖市生态经济特区（以下简称特区）农业节水发展，建设资源节约型和环境友好型城市，实现社会、经济和环境的全面、协调、可持续发展。

（2）指导思想

发展农业节水应当以科学发展观为指导，以"谁节约、谁受益"为原则，在技术和经济许可的范围内，最大限度降低水资源消耗，实现水资源高效利用和循环利用。

（3）节水主体

发展农业节水应当以农民为主体，政府调控，市场引导，其他组织和公众共同参与。政府、企业、其他组织和农民在实施促进农业节水发展的政策措施过程中应当公平合理地分担责任。

（4）节水实施步骤

发展农业节水应当统筹规划，突出重点，示范推广，分步实施。

（5）明确职责

生态经济特区管理办公室应当明确各部门发展农业节水的职责和权限，组织、协调各部门的工作。生态经济特区管理办公室各部门应当按照各自职责，促进农业节水发展。

（6）宣传教育

生态经济特区管理办公室应当有计划地开展有关农业节水的宣传教育。中小学校应当将培养学生的资源意识和节约意识作为素质教育的重要内容。鼓励社会各组织对农户进行有关节水的教育培训。

6.7　制度与措施

（1）编制规划

生态经济特区管理办公室应当编制农业节水发展的中长期规划。规划内容应当包括：发展农业节水的指导思想、主要目标和指标；发展农业节水的重点区域；促进农业节水发展的政策和措施；促进农业节水发展的其他重要事项。农业节水发展中长期规划应当作为国民经济和社会发展中长期规划的组成部分。

（2）年度计划

国民经济和社会发展年度计划的编制应当体现发展农业节水的要求，并将发展农业节水的年度目标和指标、政策、措施等作为国民经济和社会发展计划的组成部分。

生态经济特区管理办公室在向同级人民代表大会常务委员会报告国民经济和社会发展年度计划执行情况时，应当包括发展农业节水的内容。市、区人民代表大会常务委员会认为必要时，可以要求同级人民政府专项报告发展农业节水年度目标和指标、政策、措施等的执行情况。

（3）规划协调

编制区域发展总体规划、节水规划、生态保护规划，应当体现发展农业节水的要求，并与农业节水发展规划相协调。

（4）评价指标体系

生态经济特区管理办公室应当逐步建立农业节水发展评价指标体系，完善相关统计和绿色 GDP 核算制度。

农业节水发展评价指标体系应当真实反映农业节水发展状况，并作为国民经济和社会发展计划指标体系的组成部分。

（5）政策支持

鼓励和扶持企业进行有关农业节水的技术研究和产品开发，采用资源节约和循环利用的新工艺、新技术生产循环产品。

（6）发展基金

设立农业节水发展基金，专门用于为农业节水的农户进行补偿的专用资金。农业节水发展基金的资金以财政拨款为主。

（7）政绩考核制度

生态经济特区促进农业节水的成效，应当作为其政绩考核的重要内容。生态经济特区应当根据促进农业节水发展的要求，明确农业节水工作目标和任务，并将目标和任务的完成情况作为业绩考核的标准。

6.8 推行与实施

（1）规划实施

市人民政府应当根据经批准的农业节水发展中长期规划，制定节水等专项规划和具体的政策、措施，并组织实施。

（2）重点领域

生态经济特区管理办公室应当根据农业节水发展规划，按照农业节水发展的要求，结合产业结构特点，确定发展农业节水的重点领域。

（3）调整产业结构

市人民政府应当按照农业节水发展要求合理规划经济布局，调整产业结构。

（4）政府与农民合作

倡导政府与农民之间平等合作，共同推动农业节水的发展。鼓励农民与政府通过签订协议的方式，自愿承诺发展农业节水的措施、目标和实施计划等内容。

（5）区域合作

市人民政府应当按照农业节水发展的要求，加强与流域上下游地区的交流与合作，共同促进区域农业节水的发展。

（6）科技支持

生态经济特区管理办公室、科学技术行政主管部门和其他有关行政主管部门应当指导和支持有关农业节水的技术研究和开发，推广符合农业节水要求的新技术、新工艺和循环产品。

（7）有关组织的责任

节水协会和其他社会组织，应当配合政府实施发展农业节水的政策和措施。节水协会应当利用自身优势，联络农户、企业、社会团体开展多种形式的水资源循环利用，促进全社会形成节水产业链。

6.9 示范与推广

（1）示范建设

市人民政府应当按照农业节水发展的要求，结合特区发展农业节水领域的重点领域，将所需示范的技术、示范管理办法和示范制度建设作为农业节水建设的重要内容。

（2）示范园区

应当按照农业节水新技术的要求进行规划或调整规划。原有灌区应当进行产业结构调整和节水技术改造；条件成熟时，按照农业节水创新基地的要求，规划农业节水技术、管理、制度创新中心，孵化科技成果。

（3）总结推广

生态经济特区管理办公室对于农业节水示范的情况，及时总结，结合产业结构调整，制定、修改和完善相应的政策、措施，拟定推广方案，有计划地逐步推广。

在推广过程中，对于发展农业节水的重要制度、标准和措施，经过充分论证和广泛征求社会意见，在经济和技术可行的情况下，必要时政府可以采取措施强制推广。

7 张掖地区水资源合理利用的保障机制研究

从上文的分析中，我们可以得出，控制农业用水，保证下游泄水是张掖地区水资源承载力问题的核心。从影响水资源承载力的利益相关者来看，中央、地方、上游、下游、农民家庭之间错综复杂的利益关系，是解决问题的核心。如：中央要生态，地方要发展是第一对矛盾；上游要水资源，下游也要水资源是第二对矛盾；农民的发展诉求与中央和下游的生态诉求之间的冲突，是第三对矛盾。如果不能理顺这些关系，在政策设计上，形成促进生态可持续的机制，就难以形成上下游生态和谐、地区生态与经济协调发展的局面。结合张掖地区的现实情况，项目提出如下政策建议。

7.1 现代化水网建设

要大力推进江河湖库水系连通，以自然河湖水系、大中型调蓄工程和连通工程为依托，加快构建区域现代化生态水网，不断优化水资源配置格局，进一步提高区域水资源水环境承载力。

落实河湖生态空间用途管制，加强重要生态保护区、水源涵养区、江河源头区生态保护，严格地下水开发利用总量和水位双控制，加强地下水严重超采区综合治理，加大水土保持生态建设力度，积极发展水电清洁能源。

7.2 改革和完善水资源管理体制

坚持政府和市场两手发力，进一步深化水利重点领域改革，激发水利科学发展的内生动力。在水价改革方面，把农业水价综合改革作为重要突破口，通过明晰农业水权、完善水价形成机制、建立精准补贴和节水激励机制、完善计量设施等措施，促进农业节水增效。在张掖地区，农业水价综合改革以及有效推动，是水资源承载力问题的关键机制之一。

179

要发挥市场机制在水资源节约保护中的作用。进一步推进水价改革，利用经济杠杆促进水资源节约保护。在节水产品推广、水生态建设、水资源计量监控设施和信息系统运行维护等方面推行政府购买公共服务，制定指导性名录，培育公共服务市场。积极营造有利于水资源节约保护的投融资环境，引导社会资金投入水务基础设施和水生态文明建设。

7.3 水资源使用权的有偿初始分配

尽快明晰初始水权，在行政区域层面，加快推进水资源控制指标逐级分解确认工作，建立覆盖省市县三级行政区的水资源控制指标体系。在流域层面，加快开展江河水量分配，将用水总量控制指标落实到江河控制断面。

严格水资源论证和取水许可管理，完善定额标准，按照水源属性和用水户类型，科学核定取用水户的水资源使用权限，建立用途管制制度，积极推进水资源资产产权制度建设。

在水权水市场建设方面，稳步开展水资源使用权确权登记，建立完善水权交易平台，鼓励和引导地区间、用水户间开展水权交易，积极培育水市场。

在创新水利工程建设管理体制方面，要深化国有水利工程管理体制改革，加快小型水利工程产权制度改革，健全水利建设市场主体信用体系，规范水利建设市场秩序，强化水利工程质量监管。

按照"谁受益、谁负担、谁投资、谁所有"的原则，推进水利工程产权制度改革，积极探索建立以农民用水者协会组织为主的管理体制。国家投资新建的灌溉、喷灌、滴灌等小型农田水利工程探索推行合作经营方式和运行机制，回收建设资金，实行滚动式发展，充分调动各方面管水用水的积极性，不断提高水利工程经济效益。

7.4 建立合理水资源补偿合作机制和水价体系

大力培育水市场，按计划积极开展跨区域、跨行业和取水户间的水权交易试点，稳步推进水资源确权登记试点，因地制宜探索地区间、流域间、行业间、用户间等多种形式的水权交易流转方式和规则。对用水总量达到红线控制指标的地区，新增项目取用水量必须通过水权转换取得，对已超过红线控制指标的地区，不仅要严格控制用水量增长，还用通过水权转换偿还超用水量。加快建立完善有利于发挥市场作用的水权交易平台，明确交易规则，维护良性运行的交易秩序。

全面推行城镇居民用水阶梯价格和非居民用水超定额累进加价制度，积极发挥水价在节水中的杠杆作用。要按照补偿成本、合理收益、公平负担的原则，积极推进水价改革。建立有利于节水和水资源合理配置、提高用水效率的水价体系。同时应做好相应的社会宣传和舆论工作，把水价改革、水价调整与增加农民负担严格区别开来，尽快撤消县区水费减免的一些不合理政策，最终实现按成本收费，不断完善水价形成机制。合理确定水利工程供水水价成本，按照小步调整、逐步到位的原则，今后五年逐步按成本到位。

同时，要深化灌区水管单位改革，精简机构和人员，扩大用水户参与，依法保障农民及广大用水户对水价制定的知情权、参与权和监督权，着力降低供水成本。逐步建立科学的水价形成机制和有效的节水激励机制。

7.5 建立节水防污社会

节水优先是保障国家水安全的战略选择。当前和今后一个时期，要把全面落实最严格水资源管理制度作为重要抓手，着力强化水资源开发利用控制、用水效率控制、水功能区限制纳污"三条红线"的先导作用和刚性约束。坚持以水定城、以水定地、以水定人、以水定产，将水资源承载能力作为区域发展、城市建设和产业布局的重要条件，建立健全规划和建设项目水资源论证制度，严格控制缺水地区发展高耗水产业和项目，从源头上拧紧水资源需求管理的阀门，推动经济结构调整和产业优化升级。

加强入河排污口管理。根据《入河排污口监督管理办法》，加强入河排污口的监督和管理，按照水功能区划、水资源保护规划和防洪规划的要求，加强入河排污口的普查和登记工作，加强对饮用水水源保护区内的排污口检查力度，加强入河排污口的执法监督。禁止在饮用水水源保护区内设置排污口，在河道、水库，新建、改建或者扩建排污口，必须按照严格的程序进行审查审批。对入河重点排污口，水利和环保部门要联合监测，实行定期和不定期检查。政府应加强排污监管，进一步提高污水处理费和排污费标准，对超标、超量排污的企业要采取更加严厉的惩罚措施。实行排污总量控制制度，根据水体纳污总量确定和分配排污量以及排污口设置。

对建立并正常运行的中水回用系统的用户，应减免污水处理费。切实加大对自备水源用户污水处理费和排污费的征收力度。严禁用水单位在城区排水管网覆盖范围内，擅自将污水直接排入水体，规避交纳污水处理费。

7.6 引入虚拟水等管理理念

"虚拟水"是英国学者约翰·安东尼·艾伦（Tony Allan）在1993年提出的概念，用以计算食品和消费品在生产和销售过程中的用水量。2002年以虚拟水为主题的第一次国际会议在荷兰召开。2003年3月在东京举行的第三次世界水论坛上对虚拟水问题进行了专门讨论。2008年3月19日，瑞典斯德哥尔摩国际水资源研究所宣布，提出该概念的约翰·安东尼·艾伦获得2008年斯德哥尔摩水奖。

"虚拟水"指在生产产品和服务中所需要的水资源数量，即凝结在产品和服务中的虚拟水量。因此，"虚拟水"用来计算生产商品和服务所需要的水资源数量。这一概念认为，人们不仅在饮用和淋浴时需要消耗水，在消费其他产品时也会消耗大量的水。比如，一台台式电脑含有1.5t虚拟水，一条斜纹牛仔裤含有6t虚拟水，1kg小麦含有1t虚拟水，1kg鸡肉含有3~4t虚拟水，1kg牛肉含有15t~30t虚拟水。

2004年9月，中国科学院院士、中科院兰州分院院长程国栋等在对中国西北地区水资源形势走势进行分析后认为，中国应大力发展虚拟水交易，来化解中国特别是西北地区水资源紧缺的状况，建立基于虚拟水战略的区域经济发展战略和政策保障体系。

采用虚拟水管理理念，对西北绿洲水资源承载力的提高具有重要现实意义。在产业布局、产品选择等方面，西北绿洲地区应该为水资源的地区可持续发展做好战略区划与现实举措。

7.7 完善法律体系

深入贯彻落实党的十八届四中全会精神，加快水法治建设步伐。着眼水利立法需求最为迫切的领域，统筹推进农田水利、节约用水、地下水管理、流域管理等重点领域立法进程。积极创新水行政执法体制，严厉打击非法取水、非法采砂、违法设障、污染水体、侵占河湖水域岸线等行为，维护良好水事秩序。大力宣传节水和洁水观念，使节约水、爱护水成为良好风尚和自觉行动，凝聚全社会治水兴水合力。

7.8 建立稳定可靠的投入保障机制

   水利投融资体制改革方面，加大公共财政投入力度，稳定增量、盘活存量、优化结构；用好开发性金融各项优惠政策，加大金融支持水利建设力度；通过投资补助、财政贴息、价格机制、税费优惠等政策措施，鼓励和引导社会资本参与重大水利工程建设。

   节水型社会建设要列入同级社会发展规划，要继续增加节水灌溉、灌区节水改造投入，加大对工业节水技术改造的支持力度，积极争取国家对节水项目的扶持。要多方筹措资金，鼓励、吸纳社会资本投入节水项目，拓宽融资渠道，建立健全节水多渠道投融资体制。完善政府、企业、社会多元化节水投融资机制，引导社会资金参与，积极鼓励民间投资，拓宽融资渠道，鼓励民间资本投入节水设备（产品）生产、农业节水、工业技术改造、城市管网改造、污水处理再生利用等项目。

参考文献

白雅旭 . 2017. 简析水资源的经济价值 ［J］. 中国市场（21）：35-37.

查理 . 2002. 中国的参与式灌溉管理改革：自主管理灌排区 ［J］. 中国农村水利水电（6）：101-105.

陈栋为，陈晓宏，孔兰 . 2009. 基于生态足迹法的区域水资源生态承载力计算与评价——以珠海市为例 ［J］. 生态环境学报，18（6）：2224-2229.

陈文江，曹威麟 . 2006. 改善中国农业用水的对策研究 ［J］. 科技进步与对策（2）：30-32.

陈学伦 . 2002. 黑河流域水资源和生态环境问题及其对策 ［J］. 当代生态农业（3）：101.

崔延松 . 2003. 中国水市场管理学 ［M］. 河南：黄河水利出版社 .

董光华，沈菊琴，孙付华，等 . 2017. 水资源产量核算研究综述 ［J］. 水利经济（4）：98-102

董阳 . 2017. 水资源管理问题研究 ［J］. 产业与科技论坛（20）：35-38.

窦晓利 . 2017. 论水资源工程社会责任与构建和谐社会 ［J］. 科技风（17）：5-7.

段春青，刘昌明，陈晓楠，等 . 2010. 区域水资源承载力概念机研究方法的探讨 ［J］. 地理学报，65（1）：82-90.

段永 . 杨名远 . 2003. 农田灌溉节水激励机制与效应分析 ［J］. 农业技术经（4）：13-18.

方伟成，孙成访，郭文显 . 2015. 基于 LMDI 法东莞市水资源生态足迹影响因素分析 ［J］. 水资源与水工程学报，26（3）：115-117.

樊胜岳 . 2003. 中国荒漠化治理的生态经济模式与制度选择 . 博士学位论文 ［D］. 兰州大学经济管学院 .

奉公，周莹莹，何洁，等 . 2005. 从农民的视角看中国农业科技的供求、传播与采用状况 ［J］. 中国农业大学学报（社会科学版），59

（2）：35-40.

甘泓，高敏雪.2008.创建我国水资源环境经济核算体系的基础和思路 ［J］.中国水利（17）：1-5.

甘肃农村年鉴编委会编.2014.甘肃农村年鉴［M］.北京：中国统计出版社.

高敏雪.2000.环境统计与环境经济核算［M］.北京：中国统计出版社.

耿建新，张宏亮.2006.我国绿色国民经济核算体系的框架及其评价 ［J］.城市发展研究（4）：93-98.

关良宝，李曦，陈忠德.2002.农业节水激励机制探讨［J］.中国农村水利水电（9）：19-21.

国风.2001.农村经济创新分析［M］.太原：山西经济出版社.

国家水利部.2008.全国水利发展公报，国家水利部网，http://www.mwr.gov.cn.

郭彩霞，绍超峰，鞠美庭.2012.天津市工业能源消费碳排放量核算及影响因素分解［J］.环境科学研究，25（2）：232-239.

郭忠升.2017.水资源紧缺地区土壤水资源利用限度［C］.中国水资源高效利用与节水技术论坛论文集.上海：河海大学.75-79.

韩洪云，赵连阁.2000.农户灌溉技术选择行为的经济分析［J］.中国农村经济（11）：70-74.

韩洪云，赵连阁.2001.节水农业经济分析［M］.北京：中国农业出版社.

韩青，谭向勇.2004.农户灌溉技术采用的影响因素分析［J］.中国农村经济（1）：63-69.

韩青.2005.农户灌溉技术选择的激励机制———一种博弈视角的分析 ［J］.农业技术经济（6）：22- 25.

韩忠卿.2005.农业节水的激励机制和具体措施［J］.农村水利（15）：44-45.

何向东.2017.水资源管理中存在的问题及解决对策［J］.能源与节能（8）：69-75

胡鞍钢，王亚华.2004.中国如何建设节水型社会，全国节水型社会建设试点经济资料汇编［C］.北京：中国水利水电出版社.

胡昌暖.1993.资源价格研究［M］.北京：中国物价出版社.

胡浩.2003.水资源价值与价格研究综述［J］.石家庄经济学院学报，26（3）：229-232.

胡继连，葛颜祥，周玉玺．2005．水权市场与农用水资源配置研究［M］．北京：中国农业出版社．

黄解宇，郝永红，黄登宇，等．2005．解决水资源短缺问题的动机激励模型［J］．中国给水排水（1）：85-88．

黄友波，郑冬燕，夏军，等．2004．黑河地区水资源脆弱性及其生态问题分析［J］．水资源与水工程学报，15（1）：33-34．

吉喜斌，康尔泗，赵文智，等．2005．黑河中游典型灌区水资源供需平衡及其安全评估［J］．中国农业科学，38（5）：974-982．

贾香香，许新宜．2010．高校学生用水过程研究——以北京师范大学为例［J］．南水北调与水利科，8（2）：113-115．

姜文来，唐曲，雷波．2005．水资源管理学导论［M］．北京：化学工业出版社．

姜文来，王华东．1996．我国水资源价值研究的现状与展望［J］．地理学与国土研究，12（1）：1-5．

姜文来．1999．我国资源核算演变历程问题及展望［J］．国土与自然资源研究（3）：43-46．

姜文来．2003．水资源价值论［M］．北京：社会科学文献出版社．

矫勇，陈明忠，石波，等．2001．英国法国水资源管理制度的考察［J］．中国水利（6）：15-20．

金典慧，雷键波，张菊清．1998．日本水资源管理的启示［J］．广西水利水电（2）：3-6．

靳乐山，王金南．2004．中国农业发展对环境的影响分析［A］．中国环境政策．北京：中国环境科学出版社．

康慕谊，秦艳红．2006．国内外生态补偿现状及其完善措施［C］．生态补偿机制国际研讨会发言及文集（6）：35-40．

康绍忠．1999．西北地区农业节水与水资源持续利用［M］．北京：中国农业出版社．

康绍忠．2003．农业节水与水资源可持续利用领域发展态势及重大科技问题［J］．农业工程学报（11）：19-21．

康艳，宋松柏．2014．水资源承载力综合评价的变权灰色关联模型［J］．节水灌溉（3）：48-53．

赖敏，刘黎明．2006．生态退耕工程中的生态补偿问题及其补偿方法［J］．水土保持通报（3）：11-15．

蓝永超，孙保沐，丁永建，等.2004.黑河流域生态环境变化及其影响因素分析［J］.干旱区资源与环境，18（2）：37-39.

李昆，张超，张鑫.2017.试论区间多目标规划五河在区域水资源优化调度中应用［J］.科技创新与应用（23）：75-80.

李金昌.1991.资源核算论［M］.北京：海洋出版社.

李晶.2005.浅议农业水价改革问题［J］.山东水利（2）：11-15.

李明秋，王宝山.2004.中国农村土地制度创新及农地使用权流转机制研究［M］.北京：中国土地出版社.

李佩成.2002.中国西北地区生态环境与再造山川秀美［M］.陕西：陕西科学技术出版社.

李琪.1998.国外水资源管理体制比较［J］.水利经济，12（6）：35-41.

李十中.2006.中国生物质能源技术现状与展望［J］.太阳能，1（3）：33-36.

李希，田宝忠.2003.建设节水型社会的实践与思考［M］.北京：中国水利水电出版社.

李曦，雷海章.2003.中国西北地区农业水资源可持续利用对策研究［M］.北京：中国农业出版社.

李友升，高虹，任庆恩.2004.参与式灌溉管理与我国灌溉管理体体制改革［J］.南京农业大学学报：社会科学版，4（4）：101-106.

李玉平，王晓妍，朱琛，等.2014.邢台市水资源生态足迹核算与预测研究［J］.水土保持研究，21（3）：227-230.

厉以宁，章铮.1995.环境经济学［M］.北京：中国计划出版社.

廖红，克里斯朗革.2006.美国环境管理的历史与发展［M］.北京：中国环境科学出版社.

廖永松.2004.农业水价改革的问题与出路［J］.中国农村水利水电，3（5）：33-37.

刘家骏，董锁成，李泽红.2011.中国水资源承载力综合评价研究［J］.自然资源学报，26（2）：258-267.

刘金荣，谢晓蓉.2004.河西走廊黑河灌区节水思路及对策［J］.中国水土保持（11）：34-35.

刘蒨.2003.日本机构改革后的水资源管理体制［J］.水利发展研究（2）：35-38.

刘伟.2005.中国水制度的经济学分析［M］.上海：上海人民出版社.

刘玉龙，阮本清 . 2006. 从生态补偿到流域生态共建共享 [J]. 中国水利，10 (3)：103-106.

刘战平，匡远配 . 2006. 中国农业节水的根本出路在制度创新 [J]. 中国农业资源与区划 (6)：9-12.

刘震 . 2005. 我国水土保持小流域综合治理的回顾与展望 [J]. 中国水利 (22)：36-40.

卢金凯，杜国桓 . 1991. 中国水资源 . 北京：地质出版社 .

卢现祥 . 2003. 西方新制度经济学 [M]. 北京：中国发展出版社 .

陆允甫，卢晓男 . 1995. 中国测土施肥工作的进展展望 [J]. 土壤学报 (3)：95-96.

罗宇，姚棒松 . 2015. 基于 SD 模型的长沙市水资源承载力研究 [J]. 中国农村水利水电 (1)：42-46.

马晓明，赵月炜 . 2005. 环境管制政策的局限性与变革：自愿性环境政策的兴起 [J]. 中国人口、资源与环境 (6)：81-89.

马晶，彭建 . 2013. 水足迹研究进展 [J]. 生态学报，33 (18)：5 458-5 466.

马中 . 2001. 环境与资源经济学概论 [M]. 北京：高等教育出版社 .

毛峰，曾香 . 2006. 生态补偿的机理与准则 [J]. 生态学报 (11)：86-89.

毛文永 . 2003. 生态环境影响评价概论 [M]. 北京：中国环境科学出版社 .

孟丽，叶志平，袁素芬，等 . 2015. 江西省 2007-2011 年水资源生态足迹和生态承载力动态特征 [J]. 水土保持通报，35 (1)：256-261.

穆贤清，黄祖辉，张小蒂 . 2004. 国外环境经济理论研究综述 [J]. 国外社会科学 (2)：95-98.

彭莹莹，陈淑芳 . 2015. 基于主成分分析的湖南省水资源承载力研究 [J]. 长沙大学学报，29 (5)：91-94.

曲福田 . 2001. 资源经济学 [M]. 北京：中国农业出版社 .

任春霞 . 2004. 节水型农业建设的初步研究 [D]. 河北师范大学 .

阮本清，魏传江 . 2004. 首都圈水资源安全保障体系建设 [M]. 北京：科学出版社 .

山仑，康绍忠，吴普特 . 2003. 中国节水农业 [M]. 北京：中国农业出版社 .

沈大军，王浩，阮本清，等 . 1999. 水价理论与实践 [M]. 北京：科学出版社．

沈满洪．2001．环境经济手段分析［M］．北京：中国环境科学出版社．

沈满洪．2005．绿色制度创新论［M］．北京：中国环境科学出版社．

石燕琳，徐程．2014．环境保护设计和前期工作管理实践［J］．环境保护，31（1）：32-35．

石玉林，卢良恕．2001．中国农业需水与节水高效农业建设［M］．北京：中国水利水电出版社．

宋丹丹，郭辉．2014．基于 AHP 和熵值法的新疆水资源承载力综合评价研究［J］．广西师范学院学报（自然科学版），31（3）：57-63．

谭秀娟，郑钦玉．2009．我国水资源生态足迹分析与预测［J］．生态学报，29（7）：3 559-3 568．

唐华俊，罗其友．2008．农业区域发展学导论［M］．北京：科学出版社．

唐华俊，逄焕成，任天志．2008．节水农作制度理论与技术［M］，北京：中国农业科学技术出版社．

田圃德．2004．水权制度创新及效率分析［M］．北京：中国水利水电出版社．

王浩，阮本清，沈大军．2003．面向可持续发展的水价理论与实践［M］．北京：科学出版社．

王金丽，李锦慧．2016．湖南省城市水资源承载力评价［J］．绵阳师范学院学报，35（5）：108-120．

王敏．2001．促进农业技术进步的制度创新研究［D］，北京：湖南农业大学（13）：35-37．

王舒曼，曲福田．2001．水资源核算及对 GDP 的修正：以中国东部经济发达地区为例［J］．南京农业大学学报，24（2）：115-118．

王旭．2015．水土保持措施对水资源及水环境的影响报告［R］．四川设计勘测研究院（12）：367-368．

王用向．2015．开发建设中可持续发展的实践和认知［J］．工程建设，35（9）：7-10．

王瑜．2007．水资源环境综合经济核算框架内容［J］．水利统计与水利发展（18）：15-16．

吴景社．2007．西北灌溉农业区农业高效用水创新组合方案［J］．干旱区资源与环境，13（1）：49-53．

吴根树，刘妍，朱春英．2009．中水回用技术在高校中的应用分析［J］．

　　北华航天工业学院学报, 19 (4)：3-5.

吴优, 李锁强.2007. 重视水资源核算 [J]. 统计方略 (5)：10-12.

吴宇丹.2004. 西北地区农牧业可持续发展与节水战略 [R]. 北京：科
　　学出版社.

谢继忠, 杨芳.2003. 解决河西走廊水资源问题的战略选择——建立节
　　水型社会 [J]. 中国水土保持科学 (6)：83-86.

谢永刚, 袁丽丽.2004. 水权制度变迁的成本问题探讨 [J]. 水利发展
　　研究 (9)：8-11.

徐军委.2013. 基于 LMDI 的我国二氧化碳排放影响因素研究 [D]. 北
　　京：中国矿业大学

徐晓鹏, 武春友.2008. 水资源价格理论研究综述 [J]. 甘肃社会科学
　　(3)：218-221.

许立冬, 赵满成, 吕启元.2010. 加强节水管理, 建设可持续发展的节
　　水型校园——清华大学建设节水型校园的实践 [J]. 高校后勤研究
　　(6)：51-53.

许郎.2011. 基于主成分分析的江苏省水资源承载力研究 [J]. 长江流
　　域资源与环境, 20 (12)：1 468-1 473.

许振成.2003. 环境质量资源有偿使用是实施可持续发展的重要举措
　　[J]. 环境工作通信 (3)：36-38.

杨蝉玉.2014. 山西水资源利用效率分析 [J]. 山西农业科学 (6)：
　　625-628

杨建军, 洪辉, 付娜, 等.2010. 水资源生态足迹消费账户及其计算模
　　型——以西安市为例 [J]. 安全与环境学报, 10 (1)：122-126.

杨晓英, 李纪华.2013. 城镇化进程中的农民生活用水研究 [J]. 长江
　　流域资源与环境, 22 (7)：81-885.

袁庆明.2005. 新制度经济学 [M]. 北京：中国发展出版社.

喻小军, 江涛, 王先甲.2007. 基于流域水资源承载力的动力学模型
　　[J], 武汉大学学报 (工学报), 40 (4)：45-48.

张白玲.2004. 中国绿色核算体系研究 [A]. 建立中国绿色国民经济核
　　算体系国际研讨会论文集 [C]. 北京：中国环境科学出版社.

张宝文.2008. 中国农产品区域发展战略研究 [M]. 北京：中国农业出
　　版社.

张代青, 于国荣.2016. 河川径流情势主成分分析 [J]. 水资源保护,

32（4）：39-44.

张济世，康尔泗，赵爱芬，等.2003.黑河中游水土资源开发利用现状及水资源生态环境安全分析［J］.生态经济学报（2）：125-130.

张建龙，冯慧敏.2013.基于生态足迹法的山西省水资源承载能力研究［J］.黑龙江大学工程学报，4（1）：61-65.

张守成，郭正萌，王婵.2017.基于虚拟水理论的济南市水资源可持续利用现状研究［J］.山东国土资源（9）：228-231.

张小梅.2014.环长株潭城市群水资源承载力及其可持续利用研究［D］.长沙：湖南师范大学，1-11.

张掖市节水型社会试点建设领导小组办公室.2004.张掖市节水型社会试点建设制度汇编［C］.北京：中国水利水电出版社.

张义，张合平，李丰生，等.2013.基于改进模型的广西水资源生态足迹动态分析［J］.资源科学，35（8）：1 601-1 610.

张颖.2013.统计软件应用案例：以 SPSS 为例［M］.北京：知识产权出版社.

张照庆.2013.城市化背景下的湘江流域水资源承载力研究［D］.长沙：湖南师范大学，1-12.

赵红梅，李景霞.2002.现代西方经济学流派［M］.北京：中国财政经济出版社.

赵维雪，闫富松.2009.浅谈科学管理和构建节水型校园［J］.高校后勤研究（2）：53-55.

赵自阳，李王成，王霞，等.2017.基于指数分解法的河南省水资源生态足迹分析［J］.水文（4）：213-219.

周永艳.2010.高校早期建筑群实效节水方案例析［J］.建筑（15）：71-72.

朱立志.2007.农业节能减排方略［M］.北京：中国农业科学技术出版社.

朱启贵.2006.绿色国民经济核算的国际比较及借鉴［J］.上海交通大学学报（5）：5-12.

朱玉春，杨瑞.2002.西北地区节水农业的问题、影响因素及对策［J］.开发研究（1）：18-21.

訾冉.2015.大学生节水意识与行为调查分析［J］.许昌学院学报，34（5）：9-51.

Doss, Cheryl R. 2006. Analyzing technology adoption using microstudies: limitation, challenges, and opportunities for improvement [J]. Agricultural economies (5): 207-219.

Georgian Moreno. 2005. Joint Estimation of Technology Adoption and Allocation with Implications for the Design of Conservation Policy [J]. American Journal of Agricultural Economies (11): 1 009-1 019.

He Jinfeng. 2000. A theoretical exploration of price water in dynamic total cost [J]. Journal of natural resources, 15 (3): 236-240.

Hu Hao. 2003. Summarization on the research of water value and price [J]. Journal of Shijiazhuang University of Economics, 26 (3): 229-232.

J. Umberger. 2005. Adoption of More Technically Efficient Irrigation System as a Drought Response [J]. Water Resource Developmemt (12): 651-662.

Shen Dajun. 1999. Water price theory and practice [M]. Beijing: Science Press.

附表一

农村节水调查问卷

一、村庄调查

1. 村庄名称，行政隶属_____县（市、区）_____乡。
该村地势特征（_____）。

A. 平原　　B. 山地　　　C. 丘陵　　　D. 其他

2. 该村所属灌区类型或用水来源（　　　）。

A. 井灌区　　B. 引黄灌区　　C. 水库自流灌区　　　D. 水库提水灌区

E. 引河灌区　F. 窖藏水　　　G. 其他

3. 该村地下水位_____米，地下水用量占总用水量_____%。

4. 该村总人口_____，从事农业生产的劳动力人数_____，农民人均纯收入_____元/年。

5. 该村所有土地总面积_____亩，耕地面积_____亩，可灌溉面积_____亩，可利用的土地、林地、荒地_____亩，其他_____亩。其中种植面积占前三位的作物分别是_____（_____亩）、_____（_____亩）、_____（_____亩）。

二、农田水利基本建设情况

1. 本村拥有的机井数目_____，泵数_____，渠数_____。

2. 本村灌溉工程设施管理的主体是（_____）。

A. 村集体　　　　　　　　B. 政府相关部门

C. 承包、租赁农户个人或农户联合

D. 农业用水者协会　　　　E. 供水公司

F. 其他

3. 本村灌溉工程设施建设投入各方有（_____）。

A. 村集体　　　　　　　　　B. 政府相关部门

C. 农户　　　　　　　　　　D. 农业用水者协会

E. 供水公司

农户节水调查问卷

一、农户基本情况

1. 户主姓名_____，文化程度_____，年龄_____，家庭人口数_____，从事农业生产的劳动力人数_____。

2. 2007年家庭经营纯收入_____元，现金总收入_____元。农业种植业生产的收入_____元，亩产值_____元，来自种植粮食作物_____元，亩产值_____元，经济作物_____元，亩产值_____元。收入比2006年增加或减少_____元。

二、农业生产基本条件情况

1. 该农户经营的耕地面积_____亩，粮食地面积_____亩，果园面积_____亩，蔬菜面积_____亩，其他面积_____亩。

2. 该农户有几块土地_____，（_____，_____，_____，_____亩/块）。

3. 该农户种植的主要粮食作物名称（_____）。单产为（_____斤/亩）；（_____斤/亩）；（_____斤/亩）。

A. 小麦　　　B. 稻谷　　　C. 玉米　　　　　D. 豆类

E. 薯类　　　F. 其他

4. 该农户种植的主要经济作物名称（_____）。

A. 蔬菜　　　B. 棉花　　　C. 油料　　　　　D. 水果

E. 速生林木　F. 麻类　　　G. 糖类　　　　　H. 烟叶

I. 其他

三、农户灌溉情况

1. 该农户每次灌溉所要支付的水费_____，近两年的农业生产用水灌溉支出分别是2006年_____元，2007年_____元。支付方式

（_____）。

　　A. 现金　　　B. 实物　　　C. 其他

2. 每次每亩灌溉用水量为_____方，每年的灌溉次数为_____。

3. 农户用水的计算方式（_____）。

　　A. 按面积（亩）收费

　　B. 按用水量（方）收费

　　C. 按用电量（度）收费

4. 农户水地_____亩，每次灌溉_____，农户粮食灌溉面积_____亩，果园灌溉面积_____亩，蔬菜灌溉面积_____亩，其他灌溉面积_____亩。

5. 不同农作物的灌溉量，小麦_____方，玉米_____方，马铃薯_____方。果园_____方，蔬菜_____方，每方的价格_____元，或用电量_____度。

6. 该农户输水环节应用的灌溉技术为_____，田间灌溉应用的灌溉技术为_____。设施大棚灌溉技术_____，大田灌溉技术_____。

　　A. 大水漫灌　　　　　　　B. 土渠

　　C. 水泥渠灌　　　　　　　D. 低压管道输水

　　E. 小畦灌溉　　　　　　　F. 喷灌

　　G. 其他

四、农户对节水认识情况

1. 对于当地农用水资源的认识_____。

　　A. 水资源充足　　　　　　B. 水资源亏缺

　　C. 靠天吃饭

2. 对于节水农业的认识_____（A. 听说过　B. 没听说过），是否关心农业节水_____（A. 关心　B. 不关心）。

3. 对于原种植的高耗水作物，改为低耗水作物的认识_____。

　　A. 同意改种　B. 不同意改种　C. 其他

4. 您使用过什么节水灌溉技术（□没用过□用过），是_____？

　　A. 滴灌　　B. 喷灌　　C. 膜上灌　　　　D. 管灌

　　E. 膜下灌　　F. 小畦灌　　G. 其他

5. 还使用过什么其他节水技术_____？

6. 农户采用的灌溉技术措施的资金来源_____。

195

A. 农户投资   B. 政府投资

C. 农户投资，政府补贴

D. 政府投资，农户投入义务工

7. 对于节水技术信息来源_____。

A. 技术员   B. 亲戚朋友

C. 村里其他人   D. 专家培训

E. 其他

8. 是否愿意个人投资应用节水灌溉技术_____。

A. 同意   B. 不同意   C. 其他

9. 你对用水协会的认识_____。

A. 认识   B. 不认识

10. 你愿不愿意成立并加入农业用水者协会，原因是什么_____？

五、农户对节水补偿的认识

1. 农业节水生态补偿对农户的经济效益_____。

A. 有利益   B. 没有利益   C. 不清楚

2. 农业节水生态补偿对农户生活水平影响_____。

A. 提高   B. 降低   C. 无变化   D. 其他

3. 农户对生态补偿政策_____。

A. 知道   B. 不知道

附表二

表1　引进中国农业科学院蔬菜所试验示范品种一览表

品种名称	品种研制单位	品种特性
雄性不育中甘11号	中国农业科学院蔬菜花卉研究所	最新育成的早熟春甘蓝，杂交率近于100%，适于北方栽培
中甘21	中国农业科学院蔬菜花卉研究所	亩产3 500kg，生长期50天
06-2番茄	中国农业科学院蔬菜花卉研究所	粉红果，单果重220克，保护地专用品种
中杂106番茄	中国农业科学院蔬菜花卉研究所	保护地专用品种
IVF6169 加工番茄	中国农业科学院蔬菜花卉研究所	可溶性固形物5.5%，番茄红素120毫克/kg
中椒104	中国农业科学院蔬菜花卉研究所	适于露地和保护地栽培，亩产6 000kg
园杂16园茄	中国农业科学院蔬菜花卉研究所	适于春露地和保护地栽培，亩产4 500kg
中农21黄瓜	中国农业科学院蔬菜花卉研究所	日光温室秋、冬茬栽培，亩产10 000kg
中农29黄瓜	中国农业科学院蔬菜花卉研究所	水果型黄瓜，单瓜重80克，瓜长13厘米
中加1号	中国农业科学院蔬菜花卉研究所	加工专用品种，胡萝卜素18毫克/kg
金冠一号	中国农业科学院蔬菜花卉研究所	小型黄皮红肉西瓜，糖度12度，耐储藏
中栗3号	中国农业科学院蔬菜花卉研究所	小型南瓜，口感甜面，亩产2 000kg
早玉生菜	中国农业科学院蔬菜花卉研究所	生长期50天，口感脆甜，露地保护地栽培

表2 拟在规划区试验示范的部分作物一览表

种类	品种	供种商	栽培类型
番茄	百利、加西亚、保罗塔	荷兰、以色列	露地、保护地
加工番茄	屯河	新疆屯河	露地
茄子	瑞克斯旺	荷兰	保护地
辣椒	陇椒	甘肃	露地、保护地
脱水甜椒	茄门	北京	露地
黄瓜	津妍系列 博大	天津黄瓜所	露地、保护地
水果黄瓜	迷你2号	北京农科院	保护地
西葫芦	纤手、黄冠、	德国	保护地
西瓜	金冠一号	中国农科院	大棚
马铃薯	大西洋、陇薯3号、克新4号	荷兰、甘薯	露地、大棚
白菜	济南大包心	济南	露地
娃娃菜	地方品种		大棚
油菜	上海青	上海农科院	露地、大棚
油麦菜	地方品种		露地、大棚
大叶茼蒿			露地、大棚
大叶菠菜			露地、大棚
蕹菜			露地、大棚
洋葱			露地
大蒜			露地

表3 拟试验示范的旱生、超旱生野生、栽培草种

编号	品种（种）	学　名	产地	供种单位
1	沙拐枣	Calligonum chinesise A. los	甘肃民勤	兰州牧药所
2	白沙蒿	Asturothamnus sphaerocephala Krasch.	甘肃民勤	兰州牧药所
3	沙米	A. Pungens（vahl）Link	甘肃民勤	兰州牧药所
4	花棒	H. scoparium Fisch. et. Mey.	内　蒙	兰州牧药所
5	梭梭	Hovloxylon ammodeneron Bye	内　蒙	兰州牧药所
6	沙冬青	A. mongolicus（Maxim）chengf	内　蒙	兰州牧药所
7	苦马豆		甘肃张掖	当地采集

（续表）

编号	品种（种）	学　名	产地	供种单位
8	柠条锦鸡儿	Caeagana Korshinskii kom	甘肃榆中	兰州牧药所
9	蓝茎冰草	Agropyron smithii Ryolb	美国	兰州牧药所
10	蒙农 1 号蒙古冰草	（Agropyron mongolicum Keng cv. mengnong No. 1）	内蒙古农业大学	兰州牧药所

注：中国农业科学院兰州牧药所简称兰州牧药所

表4　拟试验示范的国内旱生栽培品种

编号	品种（种）	学　名	产　地	来　源
1	中兰 1 号苜蓿	Medicago sativa L. cv. zhonglan No. 1	兰　州	兰州牧药所
2	陇东苜蓿	Medicago sativa L. cv. Long dong	原产地	兰州牧药所
3	陇中苜蓿	Medicago sativa L. cv. Long zhong	原产地	兰州牧药所
4	甘农 1 号苜蓿	Medicago sativa L. cv. Gannong No. 1	甘肃景泰	兰州牧药所
5	甘农 2 号苜蓿	Medicago sativa. Gannog No. 2	甘肃农大	兰州牧药所
6	甘肃红豆草	Orobrychis viciaefolia scop. cv. Gansu	甘肃定西	兰州牧药所
7	沙打旺	Astragalus absurgehs. Huanghe No. 2	陕　北	兰州牧药所
8	小冠花	Coronilla varia L	陕　北	兰州牧药所
9	中牧 1 号苜蓿	Medicago sativa. Zhongmu No. 1	北京畜牧所	兰州牧药所
10	中牧 3 号苜蓿	Medicago sativa. Zhongmu No. 3	北京畜牧所	

表5　拟引进试验示范的国外旱生栽培品种

编号	品种（种）	英文名（＊学名）	产地	来源
1	里奥苜蓿	Reward	美国	兰州牧药所
2	大叶苜蓿	Leafking	美国	兰州牧药所
3	霍普兰德苜蓿	Hopeland	美国	兰州牧药所
4	多叶苜蓿	Multifoliator	美国	兰州牧药所
5	诺瓦苜蓿	Norva	美国	兰州牧药所
6	金字塔苜蓿	Pyramids	美国	兰州牧药所
7	菲尔兹苜蓿	Fitlds	美国	兰州牧药所
8	辛普劳 2000	Simplot2000	美国	兰州牧药所
9	斯普瑞德苜蓿	M. sativa Spredors ＊	加拿大	兰州牧药所
10	匹克 3006 苜蓿	M. sativa Pick3006 ＊	加拿大	兰州牧药所

（续表）

编号	品种（种）	英文名（＊学名）	产地	来源
11	匹克 8925 苜蓿	M. sativa Pick8925 ＊	加拿大	兰州牧药所
12	高冰草	Brazier	美国	兰州牧药所
13	细茎冰草	Chief	美国	兰州牧药所
14	中间冰草	Continent	美国	兰州牧药所
15	新麦草	Psathyrostachys Perennis Keng ＊	美国	兰州牧药所
16	披碱草	Elymus dahuricus Turcz Dahurian ＊	美国	兰州牧药所
17	无芒雀麦	Bromus inermis Leyss ＊	美国	兰州牧药所
18	中间偃麦草	Elytrigia intermedia（Host）Nevski ＊	美国	兰州牧药所
19	西冰草		加拿大	兰州牧药所
20	北冰草		加拿大	兰州牧药所
21	高冰草		加拿大	兰州牧药所
22	中型冰草		加拿大	兰州牧药所

表6　拟引进试验示范的防风造林苗木品种

编号	类	亚类	品种名	产地
1	防风造林	灌木防护林生产示范	沙拐枣	阿拉善
2	防风造林		梭梭	阿拉善
3	防风造林		细枝岩黄耆（花棒）	阿拉善
4	防风造林		柠条	陕北
5	防风造林		沙棘	定西
6	防风造林		紫穗槐	兰州
7	防风造林		花椒	陇南
8	防风造林		酸枣	陕北
9	防风造林	乔木防护林生产示范	沙枣	河西
10	防风造林		刺槐	兰州
11	防风造林		国槐	兰州
12	防风造林		旱柳	定西
13	防风造林		三倍体毛白杨	新疆
14	防风造林		刺柏	兰州
15	防风造林		侧柏	定西
16	防风造林		榆树	甘肃

表7　拟引进试验示范的沙生植物试验品种

编号	类	亚 类	品种名	产地
1	防沙固沙	沙生植物引种试验	沙拐枣	民勤
2	防沙固沙		梭梭	民勤
3	防沙固沙		细枝岩黄耆（花棒）	张掖
4	防沙固沙		火棘（一把火）	陕北
5	防沙固沙		柠条	兰州
6	防沙固沙		沙棘	定西
7	防沙固沙		紫穗槐	兰州
8	防沙固沙		花椒	定西
9	防沙固沙		酸枣	陕北
10	防沙固沙		沙冬青	阿拉善
11	防沙固沙		枸杞	陕西
12	防沙固沙		苦豆子	张掖
13	防沙固沙		柽柳（红柳）	瓜州